移动云 技术系列丛书

存储漫谈
Ceph原理与实践

中国移动云能力中心 / 编著

U0195755

人民邮电出版社
北京

图书在版编目（CIP）数据

存储漫谈 ：Ceph原理与实践 / 中国移动云能力中心
编著. -- 北京 ：人民邮电出版社，2021.10（2023.4重印）
（移动云技术系列丛书）
ISBN 978-7-115-57028-4

Ⅰ．①存… Ⅱ．①中… Ⅲ．①分布式文件系统 Ⅳ.
①TP316

中国版本图书馆CIP数据核字(2021)第151225号

内 容 提 要

　　本书分为理论篇与实践篇。理论篇讲解了 Ceph 存储系统的架构设计、对外服务接口及各个组件的工作原理，各层次可行的解决方案、各方案的优劣，以帮助 Ceph 的使用者更客观地了解系统全貌；实践篇探讨了在使用 Ceph 存储系统时可能遇到的问题及问题规避思路，介绍了作者团队在使用 Ceph 时的一些最佳实践，以帮助 Ceph 的使用者更好地使用Ceph 构建自己的企业级存储集群。

　　本书适合想了解Ceph分布式存储系统的初学者，软件定义存储领域的IT人员和存储系统管理员，通过Ceph 开源项目打造软件定义存储解决方案的云平台或存储系统工程师、架构师阅读。

◆ 编　　著　中国移动云能力中心
　　责任编辑　李　强
　　责任印制　陈　犇

◆ 人民邮电出版社出版发行　　北京市丰台区成寿寺路 11 号
　　邮编　100164　电子邮件　315@ptpress.com.cn
　　网址　https://www.ptpress.com.cn
　　涿州市京南印刷厂印刷

◆ 开本：800×1000　1/16
　　印张：16　　　　　　　　　2021 年 10 月第 1 版
　　字数：330 千字　　　　　　2023 年 4 月河北第 5 次印刷

定价：79.80 元

读者服务热线：(010)81055493　印装质量热线：(010)81055316
反盗版热线：(010)81055315
广告经营许可证：京东市监广登字 20170147 号

序一

PREFACE

技术是生态。随着以云计算与大数据为代表的新一代信息技术的兴起，底层的存储技术也开始从硬件资源到软件系统全面更新换代，尤其是分布式存储技术，受到了业界的广泛关注。分布式存储系统所具有的高效 I/O 访问、海量存储、高性能和弹性扩展等特性，助力了云计算与大数据技术的快速发展。随着技术的演进和需求的迭代，云计算与大数据服务也对分布式存储系统提出了更高的要求，如对数据存储的安全性以及隐私性要求、对存储集群在 PB 级甚至 EB 级建设规模下的成本要求、对繁杂数据格式的预处理能力要求以及对价值密度较低数据的压缩、去重能力要求等。

除了满足正常的存储业务需求以外，分布式存储系统还需要保障整个系统的稳定性及易用性等。这需要通过解决各类软硬件故障和亚健康问题来提升整个系统的健壮性，需要满足多样化的运维需求来提升系统的可运维性，需要提供丰富的监控指标来提升系统的可观测性。

开发与使用如此复杂的系统，对于任何一个团队来说，都不是一件容易的事。幸运的是，我们的世界正处于开源的潮流之中，拥抱开源文化可实现社会分工协作，参与开源项目可共享智慧凝聚成果。站在开源技术这个"巨人的肩膀"上，开发与使用分布式存储系统开始变得相对容易了一些。但在使用过程中，如何解决开源系统的能力标准化问题，即如何匹配企业的私有需求与开源系统标准功能之间的差异，如何平衡开源系统与商业产品之间的关系，都将会是企业在真正使用开源系统时不可避免的问题。

实践出真知。中国移动在开源分布式存储项目Ceph上的实践，是一个企业积极拥抱开源，快速实现商业价值落地的极佳案例。"我来，我见，我征服！"中国移动基于 Ceph 多年的生产经验形成了对分布式存储及开源系统的独特感悟，相信阅读和学习本书，除了能解答读者的技术问题，更能够引发读者关于分布式存储与开源系统融合的思考。

对分布式存储系统关注者而言，本书实为不可错过的技术盛宴。

中国信息通信研究院云计算与大数据研究所

何宝宏

2021 年 6 月 8 日于北京

序二

P R E F A C E

　　信息技术已经成为驱动国民经济快速增长的核心动力，中国移动作为信息行业的领军企业，高度重视信息技术的自主可控，积极发挥新技术策源地的作用。中国移动云能力中心作为国内首批云计算核心技术和产品自主研发的单位，经过十五载潜心研究，厚积薄发，完成了由"基于开源的能力内化"向"创新驱动的原创闭源"的蜕变，打造5G+云双引擎，助力经济社会的数智化转型。

　　面对EB级的海量数据存储需求，多样化的存储业务模型，传统存储系统早已力不能及。中国移动云能力中心通过对开源分布式存储系统的实践与内化，吸收再创新，走出了自己的存储系统自研蜕变之路，打造了行业领先的分布式存储产品，为中国移动的"云改"战略打下了坚实的基础。

　　本书以中国移动云能力中心云存储团队从应用实践，到能力内化，再到自研创新的过程为主线，详细分享了该团队对Ceph存储系统的实践与感悟，并在块、对象、文件三大接口上进行了深入的分析与解读。更为宝贵的是，结合中国移动超大规模分布式存储应用的实战经验，在书中从各种角度尽情"漫谈"存储，为读者展现了不同的观点和思考。

　　路漫漫其修远兮，吾将上下而求索。分布式存储作为数智化转型的重要基石，是云计算核心技术是否自主掌控的试金石。希望本书能够让更多的存储技术初学者快速入门，更多的存储技术从业者登堂入室，为共同创造更稳定、更安全、更极速的分布式存储系统做出贡献。

中国移动云能力中心 IaaS 产品部总经理

刘军卫

2021 年 5 月 9 日于中移软件园

序三
PREFACE

　　在云计算的世界里，我们知道有计算、存储和网络三大要素，计算与存储的分分合合一直都是存储领域的焦点。而随着互联网时代带来的数据爆炸式增长，原有的计算与存储体系在性能、可靠性、安全性等各方面已经很难满足时代发展的要求，高昂的价格及难以扩展的架构也使它难以满足很多用户的实际需求。这个时候，将不同设备中的 Nand、Optane 等存储介质放在统一的分布式存储框架里组成大规模的存储集群，就成为不二的选择，而 Ceph 正是目前最为流行的开源分布式存储系统。

　　Ceph 充分利用了集群中各个节点的存储能力与计算能力，通过统一的平台提供对象存储、块存储及文件存储服务，具有强大的伸缩性，能够提供给用户 PB 乃至 EB 级的数据服务。在云计算已成烽火燎原之势的今天，Ceph 已经凭借自身的实力成为 OpenStack、CloudStack 等各种云基础设施平台的存储系统标配，同时也有越来越多的企业基于 Ceph 开发定制自有的存储产品与服务。

　　我从 2015 年开始认识刘军卫先生及他带领的中国移动云能力中心团队，了解到他们在那之前就已经开始研究和开发 OpenStack 和 Ceph 等项目，也是从那个时候起我们英特尔开源团队与中国移动云能力中心团队在开源云计算领域开始深入合作。此次，他们写的《存储漫谈：Ceph 原理与实践》一书从理论与实践两个维度切入，详细介绍了 Ceph 的架构设计以及各个模块的工作原理。同时，这本书也结合多年 Ceph 的应用实践，特别是结合了中国移动超大规模分布式存储应用的实战经验，探讨了 Ceph 使用中遇到的问题及问题的规避思路，相信这是一本能够帮助读者深入了解、掌握 Ceph 的良心之作。

开源基础设施基金会个人独立董事

SODA 基金会联盟委员会主席

木兰社区技术委员会成员

英特尔云基础设施软件研发总监

王庆

2021 年 5 月 25 日于上海紫竹

前言

FOREWORD

► ┌ 为什么要写这本书 ┐ ◄ ──────────────────

"人类正从 IT 时代走向 DT 时代",以自我控制、自我管理为主的信息技术(Information Technology)正在向以服务大众、激发生产力为主的数据技术(Data Technology)演进。IT 技术发展的 20 年间,互联网上积累了海量的数据,同时,5G 与物联网时代的到来,把人和万物连接在了一起,并造就了全新的数据生产能力。DT 技术对数据进行存储、清洗、加工、分析、挖掘,从数据中发掘规律,让人类能够借助计算机的计算能力重新认知这个世界,提升人类认知的同时,影响人类的思考,帮助人类进行决策。

由此可见,数据已成为这个时代的重要资产,是数字经济的关键生产要素。作为数据的生存之地,存储系统在数字经济中同样发挥着重要的基石作用,只有解决了数据的存储问题,才能通过数据挖掘创造出更多的商业价值。

Ceph,作为软件定义存储(Software Defined Storage,SDS)领域的明星项目,凭借其企业级特性,比如可扩展性、可靠性、纠删码、分层缓存、数据复制等,在过去近 10 年间,为海量增长的数据提供了一个可行的存储方案,并在存储领域取得了举足轻重的地位,Ceph 曾被认为是存储技术规则的变革者,能够重新定义存储的未来。

Ceph 是一套统一的分布式存储系统,它可以提供丰富的接口,同时兼顾块存储、对象存储以及文件存储场景的使用需求。基于 Ceph 的存储系统可以搭建在商用服务器硬件之上,从而打破昂贵的厂商定制化方案枷锁,Ceph 存储系统的高性价比为用户提供了更为经济的存储系统总体拥有成本(Total Cost of Ownership,TCO)。

由于上述诸多特性,Ceph 已然成为存储行业的翘楚。尤其在云计算领域,存储系统是云计算基础设施层(Infrastructure as a Service,IaaS)中最为关键的组成部件之一。而Ceph 凭借其自身在云存储领域强大的影响力,已经成为 OpenStack、CloudStack 这样的云平台首选的开源企业级软件定义存储系统。无论是运行在公有云、私有云或混合云场景下，Ceph 存储解决方案都非常合适。也正因为如此，在云计算技术如火如荼的今天，越来越多的企业开始基于 Ceph 研发自己的分布式存储产品，或者直接基于 Ceph 开源项目构建企业级数据存储系统。

但随着业界对 Ceph 存储系统的不断深入使用，Ceph 存储方案也暴露出了一些问题，比如存储系统扩展性是否真的可以如宣称的一般，近似无限地扩展；存储系统性能是否可以满足各类应用的真实需求；存储系统鲁棒性是否可以应对各类服务器、交换机硬件层面的异常或故障，而不影响用户业务的正常运行⋯⋯

本书将穿插介绍 Ceph 存储系统的架构设计以及各个模块的工作原理，并结合 Ceph 存储系统的应用实践和典型问题，从基础知识和实战操作两个维度，与读者一起逐步深入 Ceph、了解 Ceph，最终帮助读者驾驭 Ceph、玩转 Ceph。

公元前 47 年，凯撒大帝在小亚细亚的吉拉城，只用 5 天时间便一举平定了帕尔纳凯斯的叛乱，意气风发之下说出了一句豪言："I came, I saw, I conquered!"，译成中文大意为"我来，我见，我征服"。我们新解一下这句格言，"我来，我见，我才能征服"，正是基于这一逻辑，想要征服一套庞大、复杂的存储系统，一定要有长期的实践、探索以及不可避免的弯路与"踩坑"这样的经历。本书取名为"存储漫谈"，也是这一含义，笔者希望将团队在 Ceph 存储系统上的实践与经验，与读者不拘形式地进行分享、交流。

▶ 这本书的主要内容 ◀

本书包含理论篇与实践篇两大部分。

理论篇分为 4 章。

第 1 章，概要介绍分布式存储，从存储系统的架构演进着眼，概述集中式存储系统与分布式存储系统的优劣，简要对比分布式方案中的有中心架构与无中心架构，最后，对 Ceph 开源方案的发展历程做简要介绍。

第 2 章，介绍 Ceph 架构，从分布式存储系统的数据寻址业界实现方案对比入手，介绍查表型寻址方式和计算型寻址方式的差异，随后介绍 Ceph 的数据寻址方案（CRUSH）以及 Ceph 的归置组（PG）概念。

第 3 章，介绍 Ceph 的接入层，包括块存储接口 RBD、对象存储接口 RGW 以及文件存储接口 CephFS，在每种接口类型中，分别从接口特性、高级功能等角度展开，做详细介绍。

第 4 章，介绍 Ceph 的存储层，即 RADOS 的关键服务 Monitor、OSD。Monitor 服务中介绍了一致性算法及其实现，OSD 服务则从单机存储引擎、网络通信机制、流控机制、安全性几个方面展开，分别做了介绍。

实践篇分为 2 章。

第 5 章，介绍 Ceph 系统最佳实践，从集群管理与监控、集群性能与成本、ARM 服务器适配、负载均衡方案、垃圾回收与容量调度、对接 OpenStack 驱动优化等几个场景出发，介绍了 Ceph 存储系统在相关场景的实践经验。

第 6 章，介绍 Ceph 系统常见问题，本章挑选了 Ceph 存储集群可用容量展示、集群时间调整、大规模集群部署下的参数配置 3 方面问题，意在为已碰到类似问题的读者从 Ceph 原理方面进行分析解惑，也为 Ceph 存储系统新用户预警风险，提醒他们在实践中对已知问题加以规避。

▶ 这本书的勘误方式 ◀

虽然我们会尽力确保书籍内容的准确性，但仍会不可避免地出现错误。如果您发现了本书中的错误（包括正文和代码中的错误）、语言描述的不准确等，请告诉我们，我们会非常感激您的反馈。

如果您对本书有任何意见或者建议，也请联系我们。

您可发邮件到 syiaas@cmss.chinamobile.com，并在邮件的主题中注明本书的书名《存储漫谈：Ceph 原理与实践》。

▶ 致谢 ◀

首先感谢中国移动云能力中心云存储团队的各位同事，利用业余时间撰写、修订本书的各个章节，包括：张德龙、郭建楠、龙翼、胡剑飞、黄一天、郑印、杨俊、左小宝、黄小曼、程韶君、王旭、陈盼、乔于洋、刘岚、杨丽园、陈焱山、谢昌龙、刘鸿、邓瑾、许家桐、任家英、孙亚军、张绍文、王伯钊、荆文军、刘钢标、余礼杨、白耀伟、李可飞、张姣、李佳徐、金伟毅、王福成、席金玉、张卓豫、周翔、卫迎泽、吕舒华（以上排名顺序不分先后）。其次感谢中国移动云能力中心为本书提供宝贵意见以及技术支持的各位领导以及同事。最后感谢为本书积极反馈意见、提出建议的各位读者以及所有为本书编写提供帮助的人。

目录

C O N T E N T S

第一篇 理论篇

第二篇 实践篇

第一篇

理 论 篇

第 1 章

Chapter 1

分布式存储概述

1.1 存储系统的架构演进

云计算与大数据技术的发展，推动存储系统架构的持续演进，存储系统从最原始的基于主机的架构逐步向网络化、虚拟化方向发展，存储系统更加关注性能、效率、灵活性、安全性的提升，而这些特性都需要好的存储架构来满足。

粗略分类，存储架构的演进可以划分为以下两个阶段。

第一阶段：从离散化到集中化的演进（从 DAS 到 SAN/NAS）。

互联网发展初期，存储需求相对简单，数据规模较小，存储系统架构以存储介质直连服务器（Direct-Attached Storage，DAS）为主，存储介质直接挂载到服务器的总线上来提供数据访问服务，数据存储设备与服务器是一种"同生共死"的状态。

这种方式可以简洁地解决数据的存储需求，但也存在着较为明显的弊端。

◆ 服务器之间的存储系统形成"孤岛"，限制数据的共享访问；

◆ 随着 CPU 处理能力逐步增强，SCSI 连接通道会成为 I/O 的瓶颈，制约性能发挥；

◆ 随着数据量增长，存储的安全性（备份／恢复需求）、扩展性问题日益凸显。

基于以上症结，存储区域网络（Storage Area Network，SAN）架构以及网络附属存储（Network Attached Storage，NAS）架构应运而生。

图 1-1 展示了 DAS、SAN、NAS 使用方式的差异。

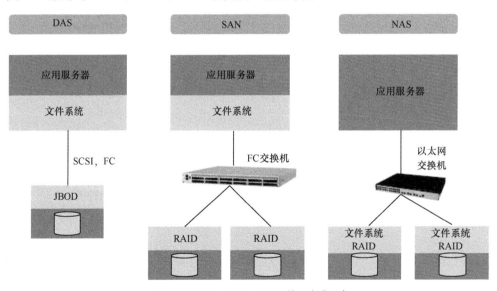

图 1-1 DAS、SAN、NAS 使用方式示意

SAN 是一种专门为存储建立的独立于 TCP/IP 数据网络之外的专用网络，连接服务器和磁盘阵列设备，提供高速的数据传输，存储设备在服务器侧以块存储设备形式展现。目前常见的 SAN 有 IP-SAN 和 FC-SAN（FC 是指 Fibre Channel，光纤通道），其中 IP-SAN 通过 TCP 协议转发 SCSI（Small Computer System Interface，小型计算机系统接口）协议，FC-SAN 通过光纤通道协议转发 SCSI 协议（采用光纤接口，可以提供更高的带宽）。SAN 的结构允许任何服务器连接到任何存储阵列，不管数据放置在哪里，服务器都可以直接存取所需的数据，这样的方式也便于系统的统一管理以及集中控制。成本与复杂性是 SAN 存储架构较为明显的缺陷。

NAS 是连接在网络上具备数据存储功能的装置，因此也称为"网络存储器"，可提供跨平台文件共享功能。NAS 以数据为中心，将存储设备与服务器彻底分离，集中管理数据，存储设备在服务器侧以文件系统形式展现。NAS 本身能够支持多种协议（如 NFS、CIFS、FTP、HTTP 等），而且能够支持各种操作系统。NAS 数据存储适用于需要通过网络将文件数据传送到多台客户机上进行访问的用户，可以提供高效的文件共享服务。NAS 的缺点也较为明显，扩展性受到设备大小的限制，且只能提供文件级访问，无法满足 block 级应用的使用需求。

第二阶段：从集中化到虚拟化的演进（从 SAN/NAS 到分布式存储系统）。

SAN/NAS 解决方案的出现，实现了存储系统集中化建设及统一化管理的诉求，为规模化的数据中心基础设施建设提供了便捷途径。数据中心建设过程中不可避免地会出现采购规范多元化、设备型号多样化的情况，存储设备的兼容性问题、异构硬件的统一性问题会给企业的数据运维带来棘手的挑战。

存储虚拟化技术应运而生，其核心思想是将资源的逻辑映像与物理存储分开，通过存储系统或存储服务内部功能进行抽象、隐藏和隔离，屏蔽不同物理设备的异构属性，实现数据服务与物理硬件的独立管理，如图 1-2 所示。

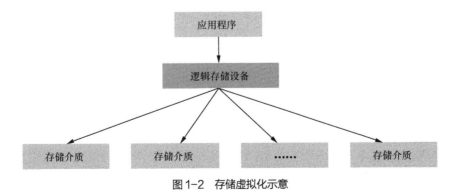

图 1-2　存储虚拟化示意

分布式存储系统是存储虚拟化技术的常见展现形式，分布式存储系统将数据分散存储在多台独立的设备上，并对外提供统一的存储服务。分布式存储系统具有高度的可伸缩性以及可扩展性，具有强大的数据访问性能，且对标准化硬件支持更好，允许大规模存储系统可以通过相对低廉的成本进行建设与运维。

抛开存储系统架构演进的萌芽阶段的方案（DAS 存储方案），可以将存储系统架构分为传统的集中式存储系统以及新兴的分布式存储系统两大类，二者有较大的差异，表现在：

◆ 传统的存储系统采用集中的存储服务器存放所有数据，存储服务器成为系统性能的瓶颈，也是可靠性和安全性的焦点，不能满足大规模存储应用的需要；

◆ 分布式存储系统采用可扩展的系统结构，利用多台存储服务器分担存储负载，利用索引定位数据存储位置信息，不但提高了存储系统的可靠性、可用性以及数据存取效率，还更易于扩展。

1.1.1　集中式存储系统

传统的存储也称为集中式存储，从概念上可以看出其架构具有集中性，也就是整个存储是集中在一个系统中的。但集中式存储并不一定只是一台单独的设备，也可以是集中在一套系统当中的多个设备，如图 1-3 中的 SAN 存储方案就使用了几个机柜来存放数据。

在集中式存储系统中包含很多组件，如机头（控制器）、磁盘阵列（JBOD）、交换机以及管理设备等，如图 1-4 所示。

集中式存储系统中最为核心的部件是机头，机头中的控制器实现了集中式存储系统中绝大多数的高级功能，如对磁盘的管理、将磁盘抽象化为存储资源池、划分逻辑单元号（Logical Unit Number，LUN）给客户端使用等，通常机头中包含两个控制器，互为主备，避免硬件故障导致整个存储系统的不可用。机头中包含前端端口以及后端端口，前端端口对外连接，提供存储服务，后端端口为机头连接更多的存储设备，形成更大的存储资源池，扩充存储系统的容量。

机头作为集中式存储系统的统一入口，其处理能力及扩展能力决定了系统整体的定位，通常集中式存储系统只能提供有限的存储系统纵向扩展（scale up）[1] 能力，很难满足存储系统横向扩展（scale out）[2] 的需求。通常情况下，可以通过 scale up 方式来扩展单台服务

---

[1]　scale up（纵向扩展）指企业大型服务器通过增加处理器等运算资源进行升级以获得对应用性能的要求。

[2]　scalc out（横向扩展）指企业可以根据需求增加不同的服务器应用，依靠多台服务器协同运算，并通过负载平衡以及容错等功能来提高运算能力及可靠度。

器的性能，满足业务的需求；一旦遇到服务器性能的瓶颈上限后，就需要转而求助于 scale out 方式来进一步满足要求。

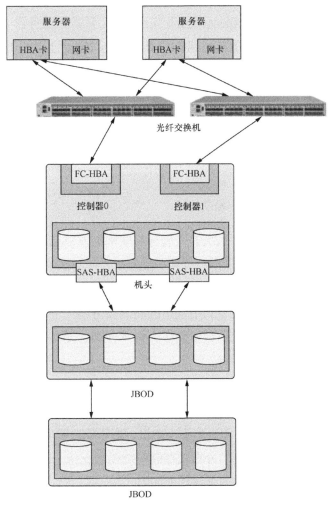

图1-3　集中式存储系统示例

图1-4　集中式存储系统组件示意

1.1.2　分布式存储系统

分布式存储最早由谷歌提出，其目的是通过廉价的商用服务器来提供海量、弹性可扩展的数据存储系统。它将数据分散地存储到多台存储服务器上（服务器分布在企业的各个角落），并将这些分散的存储资源构成虚拟的存储设备。

图 1-5 展示了分布式存储系统的工作模式。

分布式存储架构通常由 3 个部分组成：客户端、元数据服务器以及数据服务器。客户端负责发送读写请求、缓存文件元数据和文件数据；元数据服务器作为整个系统的核心组件，负责管理文件元数据和处理客户端的请求；数据服务器负责存放文件数据，保证数据的可用性和完整性。该架构的好处是存储系统整体的性能和容量能够随着系统内存储服务器的增加不断地近似线性扩展，系统具有很强的伸缩性。

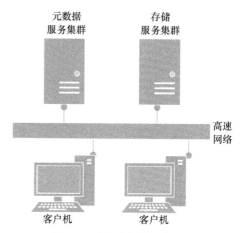

图 1-5 分布式存储系统示意

1. 分布式存储的兴起

分布式存储系统的兴起与互联网的发展密不可分，互联网公司由于其数据增量大且初期 IT 投资相对较少，对大规模分布式存储系统有着强烈的业务需求以及使用意愿，期望通过规模效应降低数据的存储成本。

与传统建设方式中使用的高端服务器、高端存储器和高端处理器不同，互联网公司的分布式存储系统由数量众多、成本低廉、高性价比的普通服务器通过网络连接而成，其主要优势有以下 3 点。

（1）系统可获得更好的 scale out 能力

互联网的业务发展速度快，而且更加注重成本开支，要求存储系统不能依靠传统的 scale up 方式（即先购买小型机，再购买中型机，甚至大型机）来满足业务数据的存储需求。互联网公司使用的分布式存储系统要求支持 scale out 能力，即可以通过增加普通服务器的数量来提高系统的整体处理能力。

（2）系统拥有更好的成本优势

普通服务器成本低廉，故障率相对较高，但分布式存储系统的分区容错性可保证存储集群因为故障而被分解为多个部分之后，存储系统整体仍然能够正常对外提供服务，软件层面的自动容错，可保证存储集群的数据一致性，互联网公司可最大限度地享受普通服务器带来的高性价比优势。

（3）系统可获得更加线性的性能输出

随着服务器的不断加入，存储集群的计算、存储、网络服务能力都会线性增加，加之分布式存储系统在软件层面实现 I/O 负载的自动均衡，存储系统的 I/O 处理能力可以得到线性的扩展，对于新增的业务需求，互联网公司可以精确地估算新增资源投入，实现"小步快跑"的资源建设，最优化资源的投入产出比。

2. 分布式存储的优势

分布式存储系统自诞生以来，一直热度不减，被企业津津乐道并持续应用于核心生产系统，究其原因，分布式存储系统可带来如下优势。

（1）系统计算处理能力更优

摩尔定律告诉人们：当价格不变时，集成电路上可容纳的元器件的数目，每隔 18 ~ 24 个月便会增加一倍，性能也将提升一倍，即随着时间的推移，单位成本支出所能购买的计算能力在不断提升。换个角度，具体到某个固定时间点，单颗处理器的计算能力终究会有上限，即使企业有意愿花更多的成本去购买计算能力，市场上也没有芯片能够满足其需求。分布式存储系统的架构允许数据分散存储在多台独立的服务器上，统一对外提供服务，可以最大化利用系统所有资源，最优化均衡系统所有负载，消除热点，获得一致的性能表现，大大提升存储群集计算处理能力。

（2）系统扩展能力更强

同上分析，具体到某个固定时间点来购买单颗不同型号的处理器，所购买的处理器性能越高，所要付出的成本开销就越大，性价比就越低。即在一个确定的时间点，通过升级硬件来提升性能会越来越不划算，简单地依靠计算能力的 scale up 来提升存储系统 I/O 处理能力并非明智之举。分布式存储系统的 scale out 特性，允许存储系统纳管更多的服务器，且随着纳管服务器数量的增加，存储系统的容量及性能可获得近似线性地提升，为存储系统的容量扩展以及性能扩展提供可靠的技术保障。

（3）系统稳定性更可靠

若采用单机系统，服务器一旦出现问题，那么系统就完全不能使用，无法满足生产环境高可靠的需求。传统集中式存储的负载呈现出高度的不均衡性，即同一镜像的数据通常分布在同一磁盘托架中，若控制器出现故障，存储对外服务性能将严重降级，且数据重建期间，存储系统中的部分磁盘会承受很大的负载压力，重建耗时长，业务经受严重风险。分布式存储系统将数据分散存储到多台独立的服务器上，无单点故障，单盘损坏后，全部磁盘参与数据重建，分摊系统压力，对存储系统整体性能输出影响较小，可以最大限度地降低业务风险。

3. 选择分布式存储的必然性

云存储和大数据是构建在分布式存储之上的应用: 移动终端的计算能力和存储空间终究是有上限的, 且在多个设备之间资源共享的需求也愈发强烈, 这使得云网盘、云相册之类的云存储应用迅速蹿红, 而云存储的核心仍是其后端便于数据共享访问的大规模分布式存储系统; 大数据则更进一步, 不仅需要存储海量数据, 还需要通过合适的计算框架或者工具对这些数据进行分析, 抽取数据中的价值, 如果没有分布式存储, 海量数据便没有了生存之地, 更谈不上对数据进行分析。

由此可见, 分布式存储系统是云存储和大数据发展的必然要求, 继而也是 IT 技术发展的必然要求。

1.2 各主流分布式方案对比

分布式存储系统种类繁多, 通常按照使用场景, 可将分布式存储系统划分为分布式块存储、分布式文件存储以及分布式对象存储 3 类, 如图 1-6 所示。

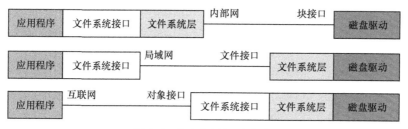

图 1-6 分布式存储系统分类

块存储将裸磁盘空间直接映射给主机使用, 主机层面操作系统识别出磁盘后, 可对磁盘进行分区、格式化文件系统或者直接进行裸设备读写。块存储使用线性地址空间, 不关心数据的组织方式以及结构, 读写速度更快, 但共享性较差。

文件存储将文件系统直接挂载给主机使用, 主机层面操作系统可对挂载后的文件系统直接进行读写, 读写操作遵循 POSIX(Portable Operating System Interface of UNIX) 语义, 类似操作本地文件系统。文件存储使用树状结构以及路径访问方式, 更方便理解、记忆, 更适合结构化数据的存取, 共享性更好, 但读写性能较差。

对象存储介于块存储与文件存储之间, 以 restful api 或者客户端 sdk 的形式供用户使用, 更适合非结构化数据的存取。对象存储使用统一的底层存储系统, 管理文件以及底层介质的组织结构，然后为每个文件分配一个唯一的标识，用户需要访问某个文件，直接提供文件的标识即可。

除以上 3 种分布式存储方案的划分外，分布式存储系统还可分为分布式数据库系统和分布式缓存系统等。

从架构角度切入，无论是分布式块存储系统、分布式对象存储系统、分布式文件存储系统，抑或是分布式数据库系统、分布式缓存系统，其架构无外乎以下两种。

◆ 有中心架构

有中心架构下，分布式存储集群实现统一的元数据服务，元数据统一存储并管理，客户端发起对数据的读写前，先向元数据服务器发起读写请求。

◆ 无中心架构

无中心架构下，分布式存储系统没有单独的元数据服务，元数据与数据一样，切片打散后存储在多台存储服务器上，客户端通过特定算法进行计算，确定元数据及数据的存储位置，并直接向存储节点相关进程发起数据的读写访问请求。依照使用的算法类型，无中心架构又可细分为私有算法模式以及一致性散列（Hash）模式。

下文以 HDFS、Ceph、Swift 为例，对 3 种方案做简要对比。

1.2.1 有中心架构

HDFS（Hadoop Distribution File System）是有中心分布式存储系统的典型代表。在这种架构中，一部分节点 Name Node 用于存放管理数据（元数据文件），另一部分节点 Data Node 用于存放业务数据（数据文件），其系统架构如图 1-7 所示。

在图 1-7 中，如果客户端需要从某个文件读取数据，首先从 Name Node 获取该文件的位置信息（具体在哪个 Data Node），然后从该 Data Node 上获取具体的数据。在该架构中 Name Node 通常是主备部署，而 Data Node 则是由大量服务器节点构成一个存储集群。由于元数据的访问频度和访问量相对数据都要小很多（参见后文 HDFS 使用场景），因此 Name Node 通常不会成为性能瓶颈；Data Node 在集群中通常将数据以副本形式存放，该策略下既可以保证数据的高可用性，又可以分散客户端的请求。因此，这种分布式存储架构可以横向扩展 Data Node 的数量来增加存储系统的承载能力，也即实现系统的动态横向扩展。

HDFS 目前主要用于大数据的存储场景，HDFS 也是 Hadoop 大数据架构中的存储组件。HDFS 在开始设计的时候，就已经明确了它的应用场景（即大数据服务），具体如下：

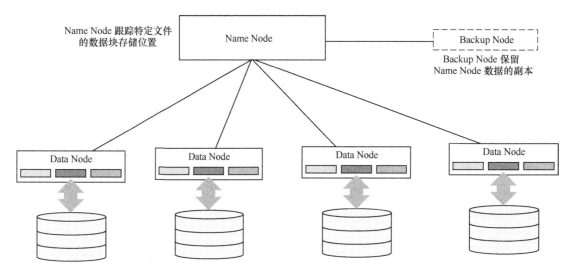

图 1-7　HDFS 系统架构

（1）对大文件存储的性能要求比较高的业务场景

HDFS 采用集中式元数据的方式进行文件管理，元数据保存在 Name Node 的内存中，文件数量的增加会占用大量的 Name Node 内存。即当 HDFS 存储海量小文件时，元数据会占用大量内存空间，引起整个分布式存储系统性能的下降。由于此限制，HDFS 更适合应用在存储大文件的使用场景，文件大小以百 MB 级别或者 GB 级别为宜。

（2）读多写少的业务场景

HDFS 的数据传输吞吐量比较高，但是数据写入时延比较差，因此，HDFS 不适合频繁的数据写入场景，但就大数据分析业务而言，其处理模式通常为一次写入、多次读取，然后进行数据分析工作，HDFS 可以胜任该场景。

1.2.2　无中心架构

1. 计算模式

Ceph 是无中心分布式存储系统（计算模式）的典型代表。Ceph 架构与 HDFS 架构不同的地方在于该存储架构中没有中心节点（元数据不需要集中保存），客户端（Client）通过设备映射关系及预先定义算法，可直接本地计算出其写入数据的存储位置，这样客户端可以直接与存储节点（Storage Node）进行通信交互，避免元数据中心节点成为存储系统的性能瓶颈。Ceph 系统架构如图 1-8 所示。

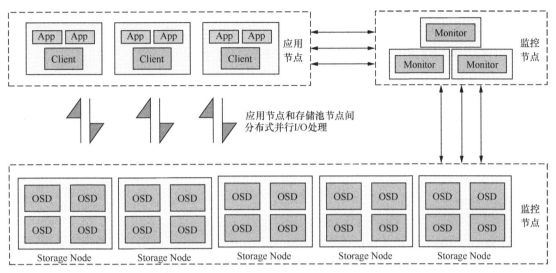

图1-8 Ceph 系统架构

图 1-9 展示了 Ceph 存储系统的核心组件。

（1）Mon 服务

Mon 为 Monitor 的缩写，Ceph 的 Monitor 服务维护存储集群状态的各种图表，包括：

◆ 监视器图（Monitor Map），记录所有 Monitor 节点的信息，如集群 ID、主机名、IP 和端口等。

◆ OSD 图（OSD Map），记录 Ceph Pool 的 Pool ID、名称、类型、副本、PGP 配置，以及 OSD 的数量、状态、最小清理间隔、OSD 所在主机信息等。

◆ 归置组图（PG Map），记录当前的 PG 版本、时间戳、空间使用比例以及每个 PG 的基本信息。

◆ CRUSH 图（CRUSH Map，CRUSH 为 Controlled Replication Under Scalable Hashing 的缩写），记录集群存储设备信息、故障层次结构以及存储数据时故障域规则信息。

这些图表（Map）保存着集群发生在 Monitor、

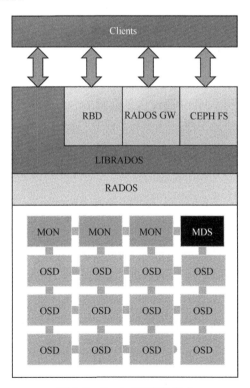

图1-9 Ceph 系统组件构成

OSD、PG 和 CRUSH 上的每一次状态变更，这些状态变更的历史信息版本称为 epoch，可以用于集群的数据定位以及集群的数据恢复。

Monitor[1] 通过集群部署的方式保证其自身服务的可用性，由于遵循 Pasox 协议来进行 leader 选举，Monitor 集群通常为奇数个节点部署，且部署节点数量不小于 3 个。

（2）OSD 服务

OSD 为 Object Storage Device 的缩写，Ceph 的 OSD 服务功能是存储数据、管理磁盘，以实现真正的数据读写，OSD 服务处理数据的复制、恢复、回填、再均衡等任务，并通过检查其他 OSD 守护进程的心跳来向 Ceph Monitor 服务提供监控信息。

通常一个磁盘对应一个 OSD 服务，但使用高性能存储介质时，也可以将存储介质进行分区处理，启动多个 OSD 守护进程进行磁盘空间管理（每个 OSD 守护进程对应一个磁盘分区）。

（3）MDS 服务

MDS 为 Metadata Server 的缩写，Ceph 的 MDS 服务为 Ceph 文件系统存储元数据，即 Ceph 的块设备场景和对象存储场景不使用 MDS 服务。Ceph 的 MDS 服务主要负责 Ceph FS 集群中文件和目录的管理，记录数据的属性，如文件存储位置、大小、存储时间等，同时负责文件查找、文件记录、存储位置记录、访问授权等，允许 Ceph 的 POSIX 文件系统用户可以在不对 Ceph 存储集群造成负担的前提下，执行诸如文件的 ls、find 等基本命令。

MDS 通过主备部署的方式保证其自身服务的可用性，进程可以被配置为活跃或者被动状态，活跃的 MDS 为主 MDS，其他的 MDS 处于备用状态，当主 MDS 节点故障时，备用 MDS 节点会接管其工作并被提升为主节点。

（4）RADOS

RADOS 为 Reliable Autonomic Distributed Object Store 的缩写，意为可靠、自主的分布式对象存储，从组件构成图中可见，RADOS 由上述 3 种服务（Mon、OSD、MDS）构成，其本质为一套分布式数据存储系统，即 RADOS 本身也是一套分布式存储集群。在 Ceph 存储中所有的数据都以对象形式存在，RADOS 负责保存这些对象，RADOS 层可以确保对象数据始终保持一致性。从这个意义上讲，Ceph 存储系统可以认为是在 RADOS 对象存储系统之上的二次封装。

---

[1] Ceph 的 Luminous 版本推出了 MGR（Manager Daemon）组件，该组件的主要作用是分担和扩展 Monitor 服务的部分功能，减轻 Monitor 的负担，它从 Monitor 服务中拆解出了部分对外暴露的集群状态指标，对外提供集群状态的统一查询入口。

RADOS 依据 Ceph 的需求进行设计,能够在动态变化和异构存储设备之上提供一种稳定、可扩展、高性能的单一逻辑对象存储接口,并能够实现节点的自适应和自管理。

(5)librados

librados 库为 PHP、Ruby、Java、Python、C、C++ 等语言提供了便捷的访问 RADOS 接口的方式,即 librados 允许用户不通过 RESTful API、block API 或者 POSIX 文件系统接口访问 Ceph 存储集群。

librados API 可以访问 Ceph 存储集群的 Mon、OSD 服务。

(6)RBD

RBD 是 RADOS Block Device 的缩写,Ceph 的 RBD 接口可提供可靠的分布式、高性能块存储逻辑卷(Volume)给客户端使用。RBD 块设备可以类似于本地磁盘一样被操作系统挂载,具备快照、克隆、动态扩容、多副本和一致性等特性,写入 RBD 设备的数据以条带化的方式存储在 Ceph 集群的多个 OSD 中。

(7)RGW

RGW 是 RADOS Gateway 的缩写,Ceph 的 RGW 接口提供对象存储服务,RGW 基于 librados 接口实现了 FastCGI 服务封装,它允许应用程序和 Ceph 对象存储建立连接,RGW 提供了与 Amazon S3 和 OpenStack Swift 兼容的 Restful API。对象存储适用于图片、音视频等文件的上传与下载,可以设置相应的文件访问权限以及数据生命周期。

(8)CephFS

CephFS 是 Ceph File System 的缩写,CephFS 接口可提供与 POSIX 兼容的文件系统,用户能够对 Ceph 存储集群上的文件进行访问。CephFS 是 Ceph 集群最早支持的客户端,但对比 RBD 和 RGW,它又是 Ceph 最晚满足 production ready 的一个功能。

回到 Ceph 组件示意图,客户端访问存储集群的流程可总结如下。

客户端在启动后首先通过 RBD/RGW/CephFS 接口进入(也可基于 librados 自行适配业务进行接口开发),从 Mon 服务拉取存储资源布局信息(集群运行图),然后根据该布局信息和写入数据的名称等信息计算出期望数据的存储位置(包含具体的物理服务器信息和磁盘信息),然后和该位置信息对应的 OSD 服务直接通信,进行数据的读取或写入。

Ceph 是目前应用最广泛的开源分布式存储系统,它已经成为 Linux 操作系统和 OpenStack 开源云计算基础设施的"标配",并得到了众多厂商的支持。Ceph 可以同时提供对象存储、块存储和文件系统存储 3 种不同类型的存储服务,是一套名副其实的统一分布式存储系统，总结其特点如下。

◆ 高性能

Ceph 存储系统摒弃了集中式存储元数据寻址的方案，转而采用私有的 CRUSH 算法，元数据分布更加均衡，系统 I/O 操作并行度更高。

◆ 高可用性

Ceph 存储系统考虑了容灾域的隔离，能够实现多种数据放置策略规则，例如数据副本跨机房、机架感知冗余等，提升了数据的安全性；同时，Ceph 存储系统中数据副本数可以灵活控制，坚持数据的强一致性原则，系统没有单点故障，存储集群可进行修复自愈、自动管理，存储服务可用性高。

◆ 高可扩展性

Ceph 存储系统采用对称结构、全分布式设计，集群无中心节点，扩展灵活，能够支持上千台存储节点的规模，支持 PB 级的数据存储需求；且随着服务器节点的不断加入，存储系统的容量和 I/O 处理能力可获得线性增长，拥有强大的 scale out 能力。

◆ 接口及特性丰富

Ceph 存储系统支持块存储、文件存储、对象存储 3 种访问类型，且 3 个方向均已生产就绪：对象存储方面，Ceph 支持 Swift 和 S3 的 API 接口；块存储方面，除私有协议挂载外，Ceph 社区也在积极推动 iSCSI 方案，RBD 设备支持精简配置、快照、克隆等特性；文件系统存储方面，Ceph 支持 POSIX 接口，支持快照特性。同时，Ceph 通过 librados 可实现访问接口自定义，支持多种语言进行驱动开发。

2. 一致性 Hash 模式

Swift 是无中心分布式存储系统（一致性 Hash）的典型代表。Swift 由 Rackspace 开发，用来为云计算提供高可扩展性的对象存储集群。与 Ceph 通过自定义算法获得数据分布位置的方式不同，Swift 通过一致性 Hash 的方式获得数据存储位置。一致性 Hash 的方式就是将设备在逻辑上构建成一个 Hash 环，然后根据数据名称计算出的 Hash 值映射到 Hash 环的某个位置，从而实现数据的定位。

Swift 中存在两种映射关系，对于一个文件，通过 Hash 算法（MD5）找到对应的虚节点（一对一的映射关系），虚节点再通过映射关系（Hash 环文件中的二维数组）找到对应的设备（多对多的映射关系），这样就完成一个文件存储在设备上的映射。

图 1-10 展示了 Swift 分布式存储系统的架构。

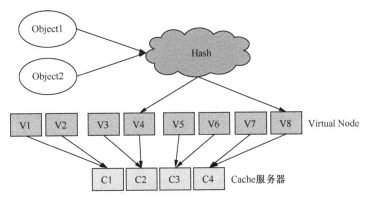

图1-10 Swift 分布式存储系统架构

Swift 主要面向的对象存储应用场景，和 Ceph 提供的对象存储服务类似，主要用于解决非结构化数据的存储问题。

Swift 存储系统和 Ceph 存储系统主要区别如下。

◆ Swift 仅提供对象存储服务能力，而 Ceph 在设计之初就比 Swift 开放，除支持对象存储场景外，还支持块存储、文件存储使用场景；

◆ 数据一致性方面，Swift 提供数据最终一致性，在处理海量数据的效率上更占优势，主要面向对数据一致性要求不高，但对数据处理效率要求比较高的对象存储业务，而 Ceph 存储系统始终强调数据的强一致性，更适用于对数据存储安全性要求较高的场景；

◆ 二者在应用于对象存储多数据中心场景下时，Swift 集群支持跨地域部署，允许数据先在本地写入（数据本地写入完成后就返回写入成功），然后基于一致性设计在一段时间里复制到远程地域，而 Ceph 存储系统则通常需要通过 Master–Slave 模型部署两套集群，从 Master 到 Slave 进行数据异步复制，所以在多于两个地域时，基础架构上的负载分布会很不均衡[1]。

1.3 Ceph 的发展历程

1.3.1 Ceph 的起源与发展

Ceph 项目起源于 2004 年，是其创始人 Sage Weil 在加州大学 Santa Cruz 分校攻读

---

[1] 虽然也可以构建一套 Ceph 集群扩展到两个地域，但数据的强一致性策略无法保证存储系统的 I/O 写入时延，因此，Ceph 存储系统在应用于多数据中心场景时，仍是两集群部署，然后使用 MultiSite 特性进行数据同步。

博士期间的研究课题，系统最初设计目标为提供一款基于 POSIX、没有单点故障、大规模的分布式文件存储系统。

所谓"大规模"和"分布式"，是指存储系统至少能够承载 PB 级别的数据，并且由成千上万的存储节点组成。大数据技术迅猛发展的今天，PB 级数据存储早已不是一个可以激动人心的系统设计目标，但应该指出，Ceph 项目起源于 2004 年，那是一个商用处理器以单核为主流、常见硬盘容量不足百 GB 的年代，这和如今 CPU 动辄 20 核、40 线程，还要双处理器、单块硬盘存储容量 10TB 有余的情况是不可同日而语的。当然，Ceph 系统的容量设计在理论上并没有上限，所以 PB 级别并不是实际应用的容量限制。

2006 年，Sage 在 OSDI 学术会议上发表了关于 Ceph 的论文，并提供了项目的下载链接，基于 LGPL 开源协议，Ceph 项目正式开放了源代码。2010 年，Ceph 客户端部分代码正式进入 Linux kernel 2.6.34 版本主线。Sage Weil 也相应成立了 Inktank 公司专注于 Ceph 的研发，在 2014 年 5 月，Inktank 公司被 Red Hat 收购，Ceph 存储系统商用进程大幅提速。

2014 年前后，OpenStack 火爆之时，基于 Ceph 的存储解决方案并不被广为接受。那时的 Ceph 刚刚发布第四个版本 Dumpling v0.67，存储系统整体并不足够稳定，而且架构新颖，业界未有过类似架构系统的商用案例，人们对 Ceph 在生产环境落地后，如何保障数据的安全性以及数据的一致性持怀疑态度。但随着 OpenStack 的快速发展及开源分布式存储解决方案的稀缺，越来越多的人开始尝试使用 Ceph 存储系统作为 OpenStack 的底层共享存储（主要用于虚机云盘及系统镜像的后端存储），且 Ceph 在中国的社区也日渐兴盛，Ceph 的发展被注入了强心剂。目前，Ceph 分布式存储方案已经得到众多云计算厂商的支持并被广泛应用。

近两年 OpenStack 火爆度不及当年，但借助云原生，尤其是 Kubernetes 技术的发展，作为底层存储的基石，Ceph 再次发力，为 Kubernetes 有状态化业务提供存储机制的实现，Ceph 分布式存储项目依旧保持活力。

1.3.2 Ceph 的版本信息

Ceph 的版本号约定如下。

Ceph 第一个版本的版本号是 0.1，版本发布时间为 2008 年 1 月。多年来，Ceph 一直延续使用该版本号方案（从 0.1 开始不断向上自增），直到 2015 年 4 月，Ceph 发布 0.94.1 版本（Hammer 版本的第一个修正版）后，为了避免 0.99 向 1.0 的版本变化，Ceph 社区制定了新的版本命名策略。

新的策略中，以 *x.y.z* 格式命名版本号，其中 *y* 的取值通常为 0、1、2，具体含义如下：

x.0.z – 开发版（给早期测试者和勇士们使用）

x.1.z – 候选版（给测试集群、高手们使用）

x.2.z – 稳定、修正版（给 Ceph 的用户们使用）

x 从 9 算起，代表 Infernalis 版本（I 是第 9 个字母），这样，第 9 个发布周期的第 1个开发版就是 9.0.0，后续的开发版依次是 9.0.1、9.0.2 等；候选版版本编号从 9.1.0 开始，稳定、修正版版本编号从 9.2.0 开始。随后的大版本更新（Jewel 版本），开发版版本编号则从 10.0.0 开始，依此类推。

开发版发布周期通常为 2 ～ 4 周，每个周期内都会冻结主开发分支，并进行代码集成和升级测试，然后才进行版本发布。Ceph 社区每年会发布 3 ～ 4 个稳定版，每个稳定版都有个名字，并且会一直提供缺陷修复，持续到下一个稳定版发布。

Ceph 社区推荐用户使用长期稳定版本（Long Term Stable，LTS），Ceph 的 LTS版本会持续更新，通常支持时间会延续到社区发布两个 LTS 版本之后。比如 Hammer 版本发布之后，Dumpling 版本才隐退，Jewel 版本发布之后，Firefly 版本才隐退，依此类推。

Ceph 的历史版本信息如下。

Argonaut	0.48 版本（LTS）
Bobtail	0.56 版本（LTS）
Cuttlefish	0.61 版本（Stable）
Dumpling	0.67 版本（LTS）
Emperor	0.72 版本（Stable）
Firefly	0.80 版本（LTS）
Giant	0.87 版本（Stable）
Hammer	0.94 版本（LTS）
Infernalis	9.x 版本（Stable）
Jewel	10.x 版本（LTS）
Kraken	11.x 版本（Stable）
Luminous	12.x 版本（LTS）
Mimic	13.x 版本（Stable）
Nautilus	14.x 版本（LTS）
Octopus	15.x 版本（Stable）

| Pacific | 16.x 版本（LTS） |

表 1-1 整理了 Ceph 主要版本（自 Firefly 版本开始）的发布时间点，对于学习者而言，建议从最新发布的 LTS 版本（Pacific，v16.2.0）开始学习。

表 1-1 Ceph 主要版本发布时间点

时间	P	O	N	M	L	K	J	I	H	G	F
2021 年 3 月	16.2.0	-	-	-	-	-	-	-	-	-	-
2020 年 3 月	-	15.2.0	-	-	-	-	-	-	-	-	-
2019 年 3 月	-	-	14.2.0	-	-	-	-	-	-	-	-
2018 年 6 月	-	-	-	13.2.0	-	-	-	-	-	-	-
2017 年 8 月	-	-	-	-	12.2.0	-	-	-	-	-	-
2017 年 1 月	-	-	-	-	-	11.2.0	-	-	-	-	-
2016 年 4 月	-	-	-	-	-	-	10.2.0	-	-	-	-
2015 年 11 月	-	-	-	-	-	-	-	9.2.0	-	-	-
2015 年 4 月	-	-	-	-	-	-	-	-	0.94	-	-
2014 年 10 月	-	-	-	-	-	-	-	-	-	0.87	-
2014 年 5 月	-	-	-	-	-	-	-	-	-	-	0.8

1.4 小结

本章介绍了存储系统的架构演进，主要对比了传统的集中式存储架构以及近些年兴起的分布式存储架构，在分布式存储架构中，进一步展开介绍了有中心的非对称式架构以及无中心的对称式架构，最后，对本书的主角 Ceph 分布式存储系统发展历程进行了简要介绍。

第 2 章

Chapter 2

Ceph 架构

本章探讨分布式存储系统的数据寻址方式，从数据寻址以及 I/O 流程入手，逐步揭开 Ceph 存储系统的神秘面纱。

2.1 数据寻址方案

存储系统的核心功能是数据的存取，实现这一目标的前提是正确、高效的数据寻址策略，即存储系统首要解决的问题是数据写到哪里去，数据从哪里读出。

经过学术界和工业界多年的探索和实践，数据寻址的方式基本被归结为两大类，分别是查表型寻址方式（有中心的非对称式架构）与计算型寻址方式（无中心的对称式架构），下面将对两类方案做详细对比。

2.1.1 查表型寻址方式

在早期的数据系统中，基于查表的数据寻址是很自然且有效的方式，至今诸多系统都仍在使用。

比如单机文件系统，从创建至今，依然是以该方式为主，不论是像 Ext4、Zfs 这类基于多级数组的方式，还是 Btrfs 这类基于 B-Tree 的方式，本质上都是基于查表的实现，区别仅仅在于优化查表的时间效率和空间利用率上。在数据系统的另一大领域——数据库系统中，当今流行的不论是基于 B-Tree 或是基于 LSM-Tree 的存储引擎，都没有绕开使用查表这一方式来解决数据位置映射问题。

对于分布式存储系统，较早时期的系统架构设计中会很自然地沿用这种由单机系统延伸出来的已有特性，所以查表方式也被分布式存储系统广泛采纳并加以实现。这类系统中的典型代表是大家比较熟悉的由 Google 发表在 SOSP'03 上的 GFS（Google File System）分布式存储系统，GFS 是一个具有松散 POSIX 语义的文件系统，面向大文件场景进行优化，它的典型特征是数据与索引分离进行存储，即数据面的核心操作不会经过索引面，而索引面解决的问题就是人们关心的数据寻址问题。

GFS 将所有元数据存储于所谓的 Master 节点上，Master 节点应对前端对数据路由的查询和更新操作，是全局寻址信息的权威记录，这样的设计称为"中心化索引"，中心化索引的架构具备简单且高效的特性，基于数据、索引分离的设计理念使得 Master 节点不会成为整个系统 I/O 操作的瓶颈，而面向大文件的设计场景也使得元数据的规模不会非常大，有效地规避了拓展性问题。GFS 这类系统架构并不完美，在应对海量小文件的场景下会产生诸多问题。当然，GFS 通过层级存储（Layering Storage）的设计依靠 BigTable 缓解了这一问题，但在海量小文件存储场景下，中心化索引面临的性能问题和架构劣势仍会逐步凸显出来。

值得肯定的是，GFS 这类架构引领了分布式存储 10 年的风向标，有大量的系统追随这一架构。或者说，GFS 更像是那个时代最佳的分布式存储系统元数据索引解决方案。

后来，随着业界对基于中心索引架构带来的一系列如 SPOF（Single Point of Failure）、元数据性能／规模等问题的探索，大家越来越倾向于使用 shared-nothing 的方式来解决分布式存储的架构问题，这一阶段大量的系统涌现出来，包括 Swift、Ceph、Dynamo 等，它们都采用了所谓的"去中心化索引"的方式进行架构设计，也就是基于计算的寻址方式。

2.1.2　计算型寻址方式

如果将 CPU-Intensive 的索引寻址操作置于中心节点，中心节点必然面临性能瓶颈，如果我们能够采用分而治之的方式，将寻址操作分散到更多甚至集群中所有的存储节点中去，就可以有效地解决这个问题。"分而治之"即要求各节点能够基于本地状态进行寻址自治，而在分布式系统中，特别是使用普通商用服务器进行部署的大规模系统，各节点具有天生的故障可能性，当一个节点掉线，其数据／状态就有可能无法恢复，所以必须设计出一套能够具有让数据在无状态节点之间进行寻址能力的系统，显然，只有基于计算才具备实现这一能力的可能。当然，从本书后文对 Ceph 存储系统的 CRUSH 算法描述来说，存储节点并不是完全的无状态，存储系统需要依赖一小部分集群信息进行数据存储位置的计算寻址。

有很多的算法致力于解决该问题，比如 Swift 和 Dynamo 中被广泛应用的一致性 Hash 算法，该算法能够较好地解决普通 Hash 算法被人诟病的故障后数据迁移规模的问题。但其本身依然有诸多缺点，比如对异构设备／容灾域管理不便、数据路由稳定性等问题，容易在分布式存储系统中形成无谓的数据搬迁流量。

开源项目 Ceph 在其分布式文件系统的实现中提出了 CRUSH 算法（Controlled Scalable Decentralized Placement of Replicated Data，可控的、可扩展的、分布式的伪随机数据分布算法），该算法不仅吸收了一致性 Hash 算法的随机性，也对一致性 Hash 算法面临的诸多问题提出了可行的解决方案，并付诸工程实现，这使得 CRUSH 成为计算寻址方式的代表算法。

对于该算法的详细描述本书后续章节会详细展开，本节重点描述该算法的创新性。

CRUSH 算法通过伪随机的方式，在数据分布过程中提供较好的节点均衡，同时通过对节点拓扑的管理，能够在节点不可用、上下线过程中提供较低的数据迁移率，保持存储系统数据分布的局部稳定性。

CRUSH 算法的出现为数据系统的设计提供了全新的思路，似乎为海量数据的系统提供了一条明路。但以 CRUSH 为核心的 Ceph 系统似乎在多年以后，还是没有在超大规模系统实践中证明自身价值，本书也从实践的角度对此提出了一些见解。而与此相反，在 GFS 系统诞生 10 年之后，我们发现这样一个不争的事实：基于中心化索引进行设计的存储系统在面对海量数据、大规模节点部署的场景下依然保持了很好的伸缩性，且运维以及系统可观测性上都要表现得更好、更直观。

2.1.3　鹿死谁手，犹未可知

在大型系统设计中，经常会看到一种"三十年河东，三十年河西"的反差现象。举个例子，在早期的系统开发中，为了简化应用开发者对系统操作、数据操作的复杂度，人们抽象出了操作系统和文件系统这些概念，而随着近些年底层开发者对性能越来越极致的追求，越来越多的系统开始采用 kernel-bypass、去文件系统等设计理念。

类似地，在近 10 年对去中心化设计思潮的追求之后，似乎越来越多的系统又走回了中心化设计的道路上。比较有代表性的是微软的 Azure Storage 和阿里巴巴的盘古存储系统，两者都是对 GFS 这一模型的延伸和强化，它们都在海量的数据和业务下得到了验证，是适合超大规模存储系统使用的设计模式。

2.2　Ceph 数据寻址

在从方案演进及变迁的较为宏观角度对比了分布式存储系统的有中心架构与无中心架构寻址方式之后，本小节将深入 Ceph 存储系统的数据寻址方案，进行详细介绍。

在 PB 级数据存储和成百上千台存储服务器纳管的需求背景下，大规模分布式存储系统必须做到数据和负载的均衡分布，以此来提高资源利用率，最大化系统的性能输出，同时要处理好系统的扩展和硬件失效问题。Ceph 设计了一套 CRUSH 算法，用在分布式对象存储系统（RADOS）上，可以有效地将数据对象（Object）映射到存储设备（OSD）上。CRUSH 算法能够处理存储设备的添加和移除，并最小化由于存储设备的添加和移动而导致的数据迁移。

CRUSH 算法有两个关键优点。

（1）任何组件都可以独立计算出 Object 所在的位置（去中心化）。

（2）运算过程只需要很少的集群元数据（Cluster Map），只有当存储集群添加或删除设备时，这些元数据才会发生改变。

这些特性使得 CRUSH 适合管理对象分布非常大的（PB 级别）且要求可伸缩性、性能和可靠性非常高的存储系统。

2.2.1 Ceph 寻址流程

为了讲清楚 Ceph 寻址流程，这里先介绍一下常用术语。

◆ File

File 是要存储和访问的文件，它是面向用户的，也是可直观操作的对象，在块存储使用场景，File 指挂载出去使用的 RBD 设备；在对象存储使用场景，File 指用户可见的音视频或其他格式的用户数据；在文件存储使用场景，File 指文件系统中存储的用户数据。

◆ Object

Object 是 Ceph 底层 RADOS 所看到的对象，也是在 Ceph 中数据存储的基本单位，当 File 过大时，需要将 File 切分成统一大小的 Object 进行存储，每个 Object 应包含 ID、Binary Data 和 Metadata 信息。Object 的大小可由 RADOS 限定（通常为 4MB，可依据需要进行配置）。

◆ PG

PG（Placement Group）是一个逻辑的概念，它的用途是对 RADOS 层 Object 的存储进行组织和位置的映射，通过 PG 概念的引入，Ceph 存储系统可以更好地分配数据和定位数据，PG 是 Ceph 存储系统数据均衡和恢复的最小单位。

◆ Pool

Pool 规定了数据冗余的类型，如副本模式、纠删码模式，对于不同冗余类型的数据存储，需要单独的 Pool 划分，即每个 Pool 只能对应一种数据冗余类型的规则。每个 Pool 内可包含多个 PG。

◆ OSD

如第 1 章介绍，OSD（Object Storage Device）服务负责数据的存取，并处理数据的复制、恢复、回填、再均衡等任务。

PG 和 Object 是一对多的关系，1 个 PG 里面组织若干个 Object，但是 1 个 Object 只能被映射到 1 个 PG 中。

PG 和 OSD 是多对多的关系，1 个 PG 会映射到多个 OSD 上（依照副本或者纠删码规则），每个 OSD 也会承载多个 PG。

PG 和 Pool 是多对一的关系，1 个 Pool 内包含多个 PG，Pool 创建时可指定其中 PG 的数量（通常为 2 的指数次幂），Pool 创建之后，也可以通过命令对其进行调整。

图 2-1 展示了 Ceph 的寻址流程，可以看到，Ceph 的寻址需要经历 3 次映射。

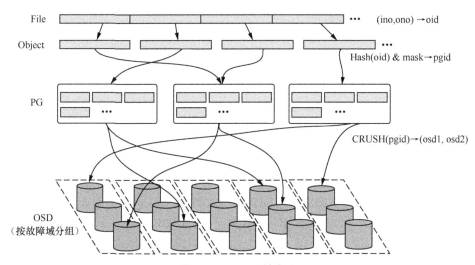

图 2-1　Ceph 寻址流程

首先，将 File 切分成多个 Object。

每个 Object 都有唯一的 ID（即 OID），OID 根据文件名称得到，由 ino 和 ono 构成，ino 为文件唯一 ID（比如 filename + timestamp），ono 则为切分后某个 Object 的序号（如 0、1、2、3、4、5 等），根据该文件的大小我们就会得到一系列的 OID。

其次，将每个 Object 映射到一个 PG 中去。

实现方式也很简单，对 OID 进行 Hash 运算，然后对运算结果进行按位与计算，即可得到某一个 PG 的 ID。图中的 mask 掩码设置为 PG 的数量减 1。

我们认为得到的 pgid 是随机的，这与 PG 的数量和文件的数量有关系，在足够量级 PG 数量的前提下，集群数据是均匀分布的。

最后，将 Object 所在的 PG 映射到实际的存储位置 OSD 上。

这里应用的就是 CRUSH 算法了，CRUSH 算法可以通过 pgid 得到多个 OSD（与副本或者纠删码的配置策略有关），数据最终的存放位置即为这些计算而来的 OSD 守护进程。

可以看到，Ceph 存储系统的数据寻址过程只需要输入文件的名称以及文件的大小等信息，所有计算过程都可以直接在客户端本地完成。Ceph 客户端只要获得了 Cluster Map，就可以使用 CRUSH 算法计算出某个 Object 所在 OSD 的 id，然后直接与它通信。Ceph 客户端在初始化时会从 Monitor 服务获取最新的 Cluster Map，随后采用反向订阅机制，仅当 Monitor 服务中记录的 Cluster Map 发生变化时，才主动向 Ceph 客户端进行推送。

2.2.2 CRUSH 算法因子

上述介绍可以看出，CRUSH 算法在 Ceph 存储系统的数据寻址中占有核心地位，Ceph 存储系统通过 CRUSH 算法规则来控制数据的分布策略，Ceph 存储系统的 CRUSH 算法能够控制对象文件在存储集群中随机均匀地分布。

CRUSH 算法包含两个关键输入因子：层次化的 Cluster Map 以及数据分布策略 Placement Rules。

1. 层次化的 Cluster Map

层次化的 Cluster Map 反映了存储系统层级的物理拓扑结构。

Ceph 存储集群通过 Cluster Map 定义了 OSD 守护进程的静态拓扑关系（层级信息），使得 CRUSH 算法在选择 OSD 时具备了主机、机架、机房等信息的感知能力。通过 Cluster Map 规则定义，Ceph 存储系统允许数据副本可以分布在不同的主机、不同的机架，甚至不同的机房中，提高了数据存储的安全性。

Cluster Map 由设备（device）和桶（bucket）组成，device 是最基本的存储设备，也就是 OSD，通常 1 个 OSD 对应 1 个磁盘存储设备，bucket 表示存放设备的容器，可以包含多个设备或子类型的 bucket。

存储设备（device）的权重由管理员设置，以控制设备负责存储的相对数据量，device 的权重值越高，对应的磁盘就会被分配写入更多的数据。大型存储系统中的存储设备（磁盘）通常存在容量大小不等或者性能高低不一的情况，系统管理员可以依据存储设备的利用率和负载来设定权重，随机数据分布算法，以此控制数据的最终分布，实现存储系统设备的数据量均衡，进而平衡存储系统的 I/O 负载，最终提高存储集群整体的性能和可靠性。

桶的权重是它所包含的所有元素（device 及 bucket）权重的总和。Bucket 可以包含很多种类型，例如，Host 就代表一个主机节点，可以包含多个 device；Rack 代表机架，包含多个 host 节点。Ceph 中默认有 OSD、host、Chassis、Rack、row、PDU、Pod、Room、Datacenter、Region、root，共计 11 个层级（同时也允许用户定义自己新的类型），它们含义如下。

OSD	磁盘设备，对应 OSD 守护进程
host	包含若干个 OSD 的主机
Chassis	包含若干个刀片服务器的机箱
Rack	包含若干个主机的机架
row	包含若干个主机的一排机柜
PDU	为机柜分配的电源插排
Pod	一个数据中心中的机房单间
Room	含若干个机柜和主机的机房
Datacenter	包含若干机房的数据中心
Region	包含若干数据中心的区域
root	bucket 分层结构的根

通常 OSD、host、Rack 层级较为常用。

下面举例说明 bucket 的用法。

```
host test1{                        // 类型 host，名字为 test1
    id -2                          //bucket 的 ID，一般为负值
    # weight 3.000                 // 权重，默认为子 item 的权重之和
    alg straw                      //bucket 随机选择的算法
    hash 0                         //bucket 随机选择的算法使用的 hash 函数
                                   // 这里 0 代表使用 hash 函数 jenkins1
    item osd.1 weight 1.000        //item1：osd.1 和权重
    item osd.2 weight 1.000
    item osd.3 weight 1.000
}

host test2{
    id -3
    # weight 3.00
    alg straw
    hash 0
    item osd.3 weight 1.000
    item osd.4 weight 1.000
    item osd.5 weight 1.000
```

```
}
root default{                         //root 的类型为 bucket，名字为 default
    id -1                             //ID 号
    # weight 6.000
    alg straw
    hash 0
    item test1 weight 3.000
    item test2 weight 3.000
}
```

　　根据上面 Cluster Map 的语法定义，图 2-2 给出了比较直观的层级化的树形结构。

　　如图 2-2 所示，Ceph 的 Cluster Map 是一个由 bucket 和 device 共同组成的树形存储层次结构，叶子节点是 device（也就是 OSD），其他的节点称为 bucket 节点，这些 bucket 都是逻辑上的概念，是对物理结构的抽象（如对数据中心的抽象、机房的抽象、机架的抽象、主机的抽象等），树形结构只有一个最终的根节点，称为 root 节点，root 也是一个抽象的逻辑概念。

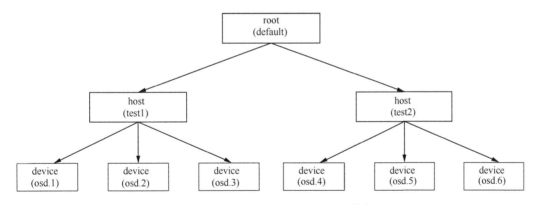

图 2-2　Ceph 的 Cluster Map 层级结构

　　在上面的 Cluster Map 中，有一个 root 类型的 bucket，名字为 default；root 下面有两个 host 类型的 bucket，名字分别为 test1 和 test2，其下分别各有 3 个 OSD 设备，每个 device 的权重都为 1.000，说明它们的容量大小都相同。host 的权重为子设备之和，即 test1 与 test2 的权重均为 3.000，它是自动计算的，不需要设置；同理，root 的权重为 6.000。

　　2. 数据分布策略 Placement Rules

　　Placement Rules 决定了一个 PG 的对象（副本或纠删码策略）如何选择 OSD，通过这些自定义的规则，用户可以设置副本在集群中的分布。

Ceph 存储系统的 Placement Rules 定义格式如下。

```
take(a)
choose
    choose firstn {num} type {bucket-type}
    chooseleaf firstn {num} type {bucket-type}
        If {num} == 0, choose pool-num-replicas buckets (all-available).
        If {num} > 0 && < pool-num-replicas, choose that many buckets.
        If {num} < 0, it means pool-num-replicas - |{num}|.
Emit
```

Placement Rules 的执行流程如下。

（1）take 操作选择一个 bucket，一般是 root 类型的 bucket。

（2）choose 操作有不同的选择方式，其输入都是上一步的输出。

a）choose firstn 深度优先选择出 num 个类型为 bucket-type 的子 bucket。

b）chooseleaf 先选择出 num 个类型为 bucket-type 的子 bucket，然后递归到叶子节点，选择一个 OSD 设备。

i. 如果 num 为 0，num 就为 Pool 设置的副本数；

ii. 如果 num 大于 0，小于 Pool 的副本数，那么就选出 num 个；

iii. 如果 num 小于 0，就选出 Pool 的副本数减去 num 的绝对值。

（3）emit 输出结果。

由上述流程可以看出，Placement Rules 主要定义以下 3 个关键操作。

（1）从 CRUSH Map 中的哪个节点开始查找；

（2）使用哪个节点作为故障隔离域；

（3）定位副本的搜索模式（广度优先或深度优先）。

3. 示例

（1）3 个副本分布在 1 个 row 下的 3 个 cabinet 中。

在图 2-3 中，最下面的长方形图例代表一台主机，里面的圆柱形图例代表 OSD，cabinet 图例代表一个机柜，row 图例代表一排机柜，顶端的 root 是根节点，可以把它理解成一个数据中心。

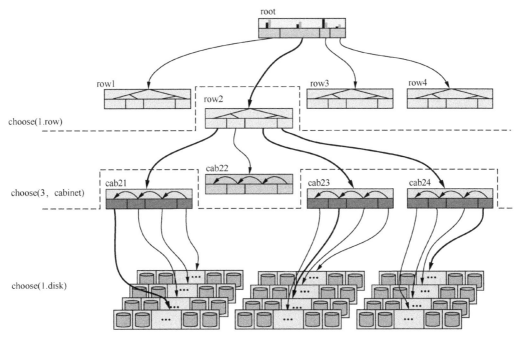

图 2-3　Ceph 数据分布示意（Cluster Map）

　　自顶而下来看，顶层是一个 root bucket，每个 root 下有 4 个 row 类型 bucket，每个 row 下面有 4 个 cabinet，每个 cabinet 下有若干个 OSD 设备（图中有 4 个 host，每个 host 有若干个 OSD 设备，但是在本 CRUSH Map 中并没有设置 host 这一级别的 bucket，而是直接把 4 个 host 上的所有 OSD 设备定义为一个 cabinet）。

　　该场景下，Placement Rules 定义如下。

```
rule replicated_ruleset {
    ruleset 0                              //ruleset 的编号 ID
    type replicated                        // 类型 replicated 或者 erasure code
    min_size 1                             // 副本数最小值
    max_size 10                            // 副本数最大值

    step take root                         // 选择一个 root bucket，做下一步的输入
    step choose firstn 1 type row          // 选择一个 row，同一排
    step choose firstn 3 type cabinet      // 选择 3 个 cabinet，3 副本分别在不同的 cabinet
    step choose firstn 1 type osd          // 在上一步输出的 3 个 cabinet 中，分别选择一个 OSD
    step emit
}
```

根据上面的 Cluster Map 和 Placement Rules 定义，选择算法的执行过程如下。

1）选中 root bucket 作为下一个步骤的输入；

2）从 root 类型的 bucket 中选择 1 个 row 类的子 bucket，其选择的算法在 root 的定义中设置，一般设置为 straw 算法；

3）从上一步的输出 row 中，选择 3 个 cabinet，其选择的算法在 row 中定义；

4）从上一步输出的 3 个 cabinet 中，分别选出一个 OSD，并输出。

最终实现效果为可选择出 3 个 OSD 设备，分布在 1 个 row 上的 3 个 cabinet 中。

（2）主副本分布在 SSD 上，其他副本分布在 HDD 上。

如图 2-4 所示的 Cluster Map 定义了 2 个 root 类型的 bucket，一个是名为 SSD 的 root 类型的 bucket，其 OSD 存储介质都是 SSD 固态硬盘，它包含 2 个 host，每个 host 上的存储设备都是 SSD 固态硬盘；另一个是名为 HDD 的 root 类型的 bucket，其 OSD 存储介质都是 HDD 硬盘，它有 2 个 host，每个 host 上的设备都是 HDD 硬盘。

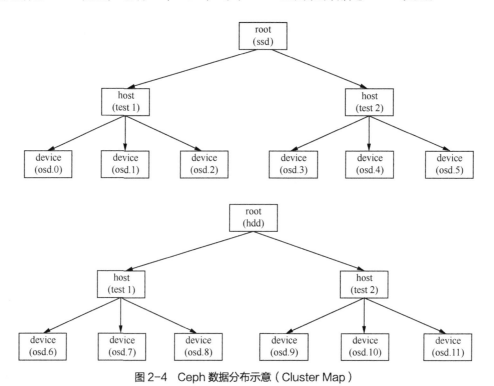

图 2-4　Ceph 数据分布示意（Cluster Map）

该场景下，Placement Rules 定义如下。

```
rule ssd-primary {
    ruleset 0
    type replicated
    min_size 1
    max_size 10

    step take ssd                          // 选择 SSD 这个 root bucket 为输入
    step chooseleaf firstn 1 type host     // 选择一个 host, 并递归选择叶子节点 OSD
    step emit                              // 输出结果

    step take hdd                          // 选择 HDD 这个 root bucket 为输入
    step chooseleaf firstn -1 type host    // 选择总副本数减一个 host
                                           // 并分别递归选择一个叶子节点 OSD
    step emit                              // 输出结果
}
```

根据上面的 Cluster Map 和 Placement Rules 定义，选择算法的执行过程如下。

1）首先 take 操作选择 ssd 为 root 类型的 bucket；

2）在 SSD 的 root 中先选择一个 host，然后以该 host 为输入，递归至叶子节点，选择一个 OSD 设备；

3）输出选择的设备，也就是 SSD 设备；

4）选择 HDD 作为 root 的输入；

5）选择 2 个 host（副本数减 1，默认 3 副本），并分别递归选择一个 OSD 设备，最终选出 2 个 HDD 设备；

6）输出最终结果。

最终实现效果为输出 3 个设备，一个是 SSD 类型的磁盘，另外两个是 HDD 磁盘。通过上述规则，就可以把 PG 的主副本存储在 SSD 类型的 OSD 上，其他副本分布在 HDD 类型的磁盘上。

2.2.3　Bucket 随机选择算法

Ceph 的设计目标是采用通用的硬件来构建大规模、高可用性、高扩展性、高性能的分布式存储系统。Ceph 的设计目标是可以管理大型分级存储网络的分布式存储系统，在网络中不同层级具有不同的故障容忍程度，这种容忍度称为故障域。

在通常情况下一台存储服务器会包含多个磁盘，每个机架则会有多台服务器，为了实现在这些服务器上构建的存储集群具有较高的可靠性，数据通常采用多副本策略，其副本存放分布在不同机架的服务器磁盘上。Sage 在 Ceph 存储系统中设计了 CRUSH 算法，它是一种基于深度优先的遍历算法，在 CRUSH 最初的实现中，Sage 一共设计了 4 种不同的基本选择算法，这些算法也是后期算法的基础。

1. 几种类型的 bucket 介绍

CRUSH 中定义了 4 种类型的 bucket 来代表集群架构中的叶子节点：一般类型 bucket（ uniform bucket ）、列表类型 bucket(list bucket)、树结构类型 bucket(tree bucket) 以及稻草类型 bucket(straw bucket)，这 4 种类型的 bucket 对应了 4 种 CRUSH 算法。

◆ **Uniform bucket**

Uniform 类型的 bucket 在选择子节点时不考虑权重，全部随机选择，因此，它要求桶内所有元素的权值相等。它的查找速度最快，但桶内元素改变时，设备中的数据会被完全重组，uniform bucket 适用于 bucket 中很少添加或删除元素，即存储系统 Cluster Map 相对稳定的场景。

◆ **List bucket**

List 类型的 bucket 采用链表数据结构，链表中的元素可拥有任意的权重配置，在查找节点元素时，只能顺序进行，性能较差，时间复杂度为 $O(n)$，这一特性限制了存储集群的部署规模。但桶内新增元素时，list bucket 可以产生最优的数据移动，而桶内删除数据时，list bucket 会增加额外的数据移动，即该类型 bucket 更适用于小规模存储集群，且集群规模偶有扩展的场景。

◆ **Tree bucket**

Tree 类型的 bucket 采用加权二叉排序树数据结构，相较于链表数据结构，其节点元素查找效率更高，时间复杂度为 $O(\log n)$，适用于规模更大的存储集群管理。但当集群的 Cluster Map 发生变化时，树状结构需要旋转调整以作适配，这决定了该类型 bucket 更适合于规模较大、查找频繁，但集群结构相对稳定的场景。

◆ **Straw bucket**

Straw 类型的 bucket 通过类似抽签的方式公平"竞争"来选取节点元素。定位副本时，bucket 中的每一项元素都对应一个随机长度的 straw 数值，拥有最长长度（最大 straw 数值）的元素被选中。Straw 类型 bucket 的定位过程比 list bucket 及 tree bucket 都要慢，但当集群结构出现变动（添加或删除元素）时，存储集群的数据移动量最优，即该类型 bucket

更适用于集群规模常有变化的场景。

简要总结，当 bucket 固定且集群设备规格统一时（比如 Ceph 存储系统搭建在完全相同磁盘配置的服务器集群上），uniform bucket 查找速度最快；如果一个 bucket 预计将会不断增长，则 list bucket 在其列表开头插入新项时将提供最优的数据移动；而当删除 bucket 或 device 时，list bucket 带来额外的数据移动，straw bucket 则可以为子树之间的数据移动提供最优的解决方案。tree bucket 是一种适用于任何情况的 bucket，兼具性能与数据迁移效率，但其综合表现略低于 straw bucket。

Bucket 类型的选择需要基于预期的集群结构变化，权衡映射方法的元素查找运算量和存储集群数据移动之间的效率，基于此观点，对比以上 4 种类型 bucket（如表 2-1 所示），straw 类型的 bucket 综合表现最优。

表 2-1　4 种类型的 bucket 对比

类型	时间复杂度	添加元素难度	删除元素难度
uniform	$O(1)$	poor	poor
list	$O(n)$	optimal	poor
tree	$O(\log n)$	good	good
straw	$O(n)$	better	better

考虑到呈爆炸式增长的数据存储空间需求（CRUSH 添加元素），在大型分布式存储系统中某些部件故障是常态（CRUSH 删除元素），以及愈发严苛的数据可靠性需求（需要将数据副本存储在更高级别的故障域中，如不同的数据中心），因此，CRUSH 默认采用了性能较为均衡的 straw 算法，straw bucket 也是 Ceph 中默认的 bucket 类型。

2. Straw 算法介绍

上文介绍到 straw 类型的 bucket 通过类似抽签的方式公平 "竞争" 来选取节点元素，这种抽签算法即为 straw 算法，它的关键在于如何计算签长。

核心计算过程如下。

```
static int bucket_straw_choose(struct crush_bucket_straw *bucket, int x, int r)
{
    __u32 i;
    int high = 0;
    __u64 high_draw = 0;
```

```
    __u64 draw;

    for (i = 0; i < bucket->h.size; i++) {
        draw = crush_hash32_3(bucket->h.hash, x, bucket->h.items[i], r);
        draw &= 0xffff;
        draw *= bucket->straws[i];
        if (i == 0 || draw > high_draw) {
            high = i;
            high_draw = draw;
        }
    }
    return bucket->h.items[high];
}
```

算法核心流程如下。

（1）给出一个 PG_ID，作为 CRUSH_HASH 方法的输入；

（2）CRUSH_HASH（PG_ID，OSD_ID，r）方法调用之后，得出一个随机数；

（3）对于所有的 OSD，用它们的权重乘以每个 OSD_ID 对应的随机数，得到乘积；

（4）选出乘积最大的 OSD；

（5）这个 PG 就会保存到这个 OSD 上。

如果两次选出的 OSD 一样，Ceph 会递增 r 再选一次，直到选出 3 个编号不一样的 OSD 为止。

通过概率分布可知，只要样本容量足够大，那么最后选出的元素概率就会是相同的，从而使数据可以得到均匀分布。但是在实际使用过程中，很多因素都会使得集群不够均衡，如磁盘容量不尽相同等，这就需要额外添加其他因子来控制差异。straw 算法就是通过使用权重对签长的计算过程进行调整来实现的，即让权重大的元素有较大的概率获取更大的签长，从而更容易被抽中。

Straw 算法选出一个元素的计算过程，其时间复杂度是 O(n)。

3. Straw2 算法介绍

理论上，在样本足够多的情况下，OSD 被选中的概率只与权重相关，下面以添加元素为例。

（1）假定当前集合中一共有 n 个元素：（e1，e2，…，en）。

（2）向集合中添加一个新元素 en+1：（e1，e2，…，en，en+1）。

（3）针对任意的输入 x，在加入 en+1 之前，分别计算每一个元素的签长并假定其中最大值为 dmax :（d1，d2，…，dn）。

（4）因为新元素 en+1 的签长计算只与自身编号和自身权重相关，所以可以使用 x 独立计算其签长（同时其他元素无须重新计算），假定签长为 dn+1。

（5）因为 straw 算法需要选出最大签长作为输出，所以：若 dn+1>dmax，那么 x 将被重新映射至 en+1 上，反之，对 x 的已有映射不会产生影响。

由上可见，添加一个元素，straw 算法会随机地将一些原有元素中的数据重新映射至新加的元素之中。同理，删除一个元素，straw 算法会将该元素中的数据全部重新随机映射至其他元素之中。因此无论添加或者删除元素，都不会导致数据在除被添加或者删除之外的两个元素（即不相干的元素）之间进行迁移。这也是 straw 算法的设计初衷，即一个元素的 weight 调高或者调低，效果作用于该调整了 weight 的元素以及另外一个特定的相关元素，数据会从另一个元素向它迁入或者从它向另一个元素迁出，而不会影响到集群内其他不相关的元素。

理论上，straw 算法是完美的，但随着 Ceph 存储系统应用日益广泛，不断有用户向 Ceph 社区反馈，每次集群有新的 OSD 加入、旧的 OSD 删除，或用户仅在一个元素上做很小的权重调节后，就会触发存储集群上很大的数据迁移。这迫使 Sage 对 straw 算法重新进行审视。

经代码分析，straw 算法的 weight 计算会关联一个所有元素共用的 scaling factor（比例因子），即 Ceph 集群中某个元素的权重值调整，都会影响到集群内其他元素的权重值变化。

原 straw 算法实现如下。

```
max_x = -1
max_item = -1
for each item:
    x = hash(input, r)
    x = x * item_straw
    if x > max_x
        max_x = x
        max_item = item
return max_item
```

由上述算法可知，max_item 的输出主要由数据输入（input）、随机值（r）和 item_straw 计算得出，而 item_straw 通过权重计算得到，伪代码实现如下。

```
reverse = rearrange all weights in reverse order
straw = -1
weight_diff_prev_total = 0
for each item:
    item_straw = straw * 0x10000
    weight_diff_prev = (reverse[current_item] - reverse[prev_item]) * item_remain
    weight_diff_prev_total += weight_diff_prev
    weight_diff_next = (reverse[next_item] - reverse[current_item]) * item_remain
scale = weigth_diff_prev_total / (weight_diff_next + weight_diff_prev)
straw *= pow(1/scale, 1/item_remain)
```

原 straw 算法中，将所有元素按其权重进行逆序排列后逐个计算每个元素的 item_straw，计算过程中不断累积当前元素与前后元素的权重差值，以此作为计算下一个元素 item_straw 的基准。因此 straw 算法的最终结果不但取决于每一个元素自身权重，而且也与集合中所有其他元素的权重强相关，从而导致每次加入新的元素或者从集群中剔除元素时都会引起不相干的数据迁移。

Sage 及社区对该问题进行了修复，出于兼容性的考虑，Sage 重新设计了一种对原有 straw 算法进行修正的新算法，称为 straw2。straw2 在计算每个元素的签长时仅使用自身权重，因此代码可以完美反应 Sage 的初衷（也因此可以避免不相干的数据迁移），同时计算也变得更加简单，其伪代码如下。

```
max_x = -1
max_item = -1
for each item:
    x = hash(input, r)
    x = ln(x/65536) / weight
    if x > max_x
        max_x = x
        max_item = item
return max_item
```

分析 straw2 算法可知，straw2 算法将 scaling factor 修改为 ln(x / 65536) / weight 的方式作为代替，针对输入和随机因子执行后，结果落在 [0 ~ 65535]，因此 x/65536 必然是小于 1 的值，对其取自然对数 [ln(x/655536)] 后的结果为负数 [1]，进一步，将其除以

---

[1]　CRUSH 算法整体是整型运算，新引入的 ln() 函数是一个浮点运算，为了算法整体效率，当前的实施方法是引入了一个 128KB 的查找表来加速 ln() 函数的运算速度。

自身权重（weight）后，权重越大，其结果越大，从而体现了我们所期望的每个元素权重对于抽签结果的正反馈作用。这个变化使得一个元素权重值的修改不会影响到其他的元素权重，集群内某个元素的权重调整引发的集群数据迁移范围也得到了很好的控制。

　　简要总结，straw 算法里面添加节点或者减少节点，其他服务器上的 OSD 之间会有 PG 的流动（即数据的迁移）；Straw2 算法里面添加节点或者减少节点，只会有 PG 从变化的节点移出或者从其他点移入，其他不相干节点不会触发数据的迁移。Ceph 的 Luminous 版本开始默认支持 straw2 算法。

2.3　Ceph 的归置组

　　Ceph 存储系统使用的 CRUSH 算法在一致性 Hash 算法的基础上充分考虑了多副本、故障域隔离等约束，尽量减少集群在故障场景下的数据迁移量，实现这一目标的关键举措即为 PG 逻辑概念的引入。

　　前文提到 Ceph 可以理解为对 RADOS 对象存储系统的二次封装，Ceph 中所有的用户数据都被抽象成多个 Object，如果 Ceph 存储系统以 Object 为追踪目标，那么要追踪的单元个体数量就太多了，不仅会消耗大量的计算资源，而且在一个有数以亿计对象（EB 级存储集群）的系统中直接追踪对象的位置及其元数据信息也是完全不现实的。Ceph 引进 PG 逻辑概念，将一系列的 Object 聚合到 PG 里，并将 PG 映射到一系列的 OSD 上去。系统中 PG 数量远远小于 Object 数量，存储系统以 PG 为存储单元个体，直接追踪 PG 状态，比较好地处理了性能和可扩展性的界限。

　　PG 的引入也会增加一些系统资源开销，如 PG 逻辑的处理会直接消耗存储节点的部分 CPU 和内存，增大 PG 的数量会增加存储系统 Peering 状态处理的数量。

2.3.1　PG 数量的选择

　　上述分析可以看出，PG 是用户数据切片（Object）与真实提供存储空间的存储介质（OSD 守护进程）之间的纽带。Ceph 存储系统需要设置较为合理的 PG 数量，过少的 PG 数量会导致集群 peer 过程太慢，数据迁移效率过低；过多的 PG 数量则会增加集群存储节点的计算资源负担。PG 的数量在 Ceph 的存储池（Pool）创建时指定，通常推荐每个 OSD 守护进程承载 100 个 PG 较为合适，考虑到集群数据的副本策略，对于单存储池的简单场景，可以通过如下公式进行 PG 数量确定。

$$\text{Total PGs}=(\text{OSDs}\times 100)/\text{Replicas}$$

在上述数据寻址计算中，可以看到要对 Hash 计算结果进行取模运算，存储池的 PG 数量建议取值为 2 的 n 次方，这样可以加速数据寻址的计算过程，即对上述公式计算结果，向上或向下靠近 2 的 n 次方数值进行存储池的 PG 总数选取。

对于多存储池的复杂场景，可以参考 Ceph 官方推荐的计算器。

2.3.2　PG 的状态机

PG 状态的迁移通过状态机来驱动，我们先看一下 PG 状态机的主要事件定义，见表 2-2。

表 2-2　PG 状态机

Activating	Peering 已经完成，PG 正在等待所有 PG 实例同步并固化 Peering 的结果（Info、log 等）
Active	活跃态。PG 可以正常处理来自客户端的读写请求
Backfilling	正在后台填充态。Backfill 是 Recovery 的一种特殊场景，指 peering 完成后，如果基于当前权威日志无法对 Up Set 当中的某些 PG 实例实施增量同步（例如承载这些 PG 实例的 OSD 离线太久，或者是新的 OSD 加入集群导致的 PG 实例整体迁移），则通过完全复制当前 Primary 所有对象的方式进行全量同步
Backfill-toofull	某个需要被 Backfill 的 PG 实例，其所在的 OSD 可用空间不足，Backfill 流程当前被挂起
Backfill-wait	等待 Backfill 资源预留
Clean	干净态。PG 当前不存在待修复的对象，Acting Set 和 Up Set 内容一致，并且大小等于存储池的副本数
Creating	PG 正在被创建
Deep	PG 正在或者即将进行对象一致性扫描清洗
Degraded	降级状态，Peering 完成后，PG 检测到任意一个 PG 实例存在不一致(需要被同步/修复)的对象，或者当前 Acting Set 小于存储池副本数
Down	Peering 过程中，PG 检测到某个不能被跳过的 Interval 中（例如该 Interval 期间，PG 完成了 Peering，并且成功切换至 Active 状态，从而有可能正常处理了来自客户端的读写请求），当前剩余在线的 OSD 不足以完成数据修复
Incomplete	Peering 过程中，由于 a. 无法选出权威日志；b. 通过 choose_acting 选出的 Acting Set 后续不足以完成数据修复，导致 Peering 无法正常完成
Inconsistent	不一致态，集群清理和深度清理后检测到 PG 中的对象副本存在不一致，例如对象的文件大小不一致或 Recovery 结束后一个对象的副本丢失
Peered	Peering 已经完成，但是 PG 当前 Acting Set 规模小于存储池规定的最小副本数（min_size）
Peering	正在同步态。PG 正在执行同步处理
Recovering	正在恢复态。集群正在执行迁移或同步对象和它们的副本
Recovering-wait	等待 Recovery 资源预留

Remapped	重新映射。PG 活动集任何的一个改变，数据发生从老活动集到新活动集的迁移。在迁移期间还是用老的活动集中的主 OSD 处理客户端请求，一旦迁移完成，新活动集中的主 OSD 开始处理
Repair	PG 在执行 Scrub 过程中，如果发现存在不一致的对象，并且能够修复，则自动进入修复状态
Scrubbing	PG 正在或者即将进行对象一致性扫描
Inactive	非活跃态。PG 不能处理读写请求
Unclean	非干净态。PG 不能从上一个失败中恢复
Stale	未刷新态。PG 状态没有被任何 OSD 更新，这说明所有存储这个 PG 的 OSD 可能挂掉，或者 Mon 没有检测到 Primary 统计信息（网络抖动）
Undersized	PG 当前的 Acting Set 小于存储池副本数

需要注意的是，这些状态并不是互斥的，某些时刻 PG 可能处于多个状态的叠加中，例如 Active + Clean 表示一切正常，Active + Degraded + Recovering 表明 PG 存在降级对象并且正在执行修复等。集群拓扑或者状态的变化，例如 OSD 加入和删除、OSD 宕掉或恢复、存储池创建和删除等，最终都会转化为状态机中的事件，这些事件会驱动状态机在不同状态之间进行跳转。

以下几个状态在集群日常运行及运维中较为常见，简要介绍一下。

◆ Peering

Peering 指的是 PG 包含的冗余组中的所有对象达到一致性的过程，Peering 时间的长短并不可控，主要是在于请求的 OSD 是否能够及时响应；如果这个阶段某个 OSD 宕掉，很可能导致部分 PG 一直处在 Peering 状态，即所有分布到这个 PG 上的 I/O 都会阻塞。

◆ Degraded

降级状态，如在副本模式下（size 参数配置为 3），每个 PG 有 3 个副本，分别保存在不同的 OSD 守护进程中。在非故障情况下，这个 PG 是 Active+clean 状态，一旦出现 OSD 守护进程离线，PG 的副本数就会小于 3，PG 就转变为了 Degraded 降级状态。

◆ Peered

Peering 已经完成，PG 等待其他副本（OSD 守护进程）上线状态，此状态下 PG 不可对外提供服务。

结合上述 Degraded 状态，PG 当前存活副本数大于或等于存储池规定的最小副本数（min_size，通常设置为 2），PG 为 Active+Undersized+Degraded 状态，仍可对外提供 I/O 服务；PG 当前存活副本数小于存储池规定的最小副本数（min_size），PG 为

Undersized+Degraded+Peered 状态，不可对外提供 I/O 服务。

◆ Remapped

Peering 已经完成，PG 当前的 Acting Set 与 Up Set 不一致就会出现 Remapped 状态，此状态下的 PG 正在进行数据的自我修复。该状态下，PG 可以进行正常的 I/O 读写。

上述讨论 Peered 状态时，如果 PG 内的另外两个 OSD 守护进程对应的存储介质损坏，将其移出存储集群后，Ceph 会将 PG 内的数据从仅存的 OSD 上向集群内其他的 OSD 进行迁移（PG 的重映射），丢失的数据是要从仅存的 OSD 上回填到新的 OSD 上的，处于回填状态的 PG 就会被标记为 Backfilling。

◆ Recovery

Ceph 基于 PG 级别的日志保证副本之间的数据一致性，Recovery 指对应副本能够通过日志（PGLog[1]）进行恢复，即只需要修复该副本上与权威日志不同步的那部分对象，即可完成存储系统内数据的整体恢复。

Recovery 有两种恢复方式。

（1）Pull：指 Primary 自身存在降级的对象，由 Primary 按照 missing_loc 选择合适的副本去拉取降级对象的权威日志到本地，然后完成修复。

（2）Push：指 Primary 感知到一个或者多个副本当前存在降级对象，主动推送每个降级对象的权威版本至相应的副本，然后再由副本本地完成修复。

为了修复副本，Primary 必须先完成自我修复，即通常情况下，总是先执行 Pull 操作，再执行 Push 的操作（但是如果客户端正好需要改写某个只在从副本上处于降级状态的对象，那么此时 PG 会强制通过 Push 的方式优先修复对象，以避免长时间阻塞客户端的相关请求）。另一个必须这样处理的原因在于，客户端的请求，都是由 Primary 统一处理的，为了及时响应客户端的请求，也必须优先恢复 Primary 的本地数据。完成自我修复后，Primary 可以着手修复各个副本中的降级对象。因为在此前的 Peering 过程中，Primary 已经为每个副本生成了完整的 missing 列表，可以据此逐个副本完成修复。

客户端发起读请求，待访问的对象在一个或者多个副本上处于降级状态，对应的读请求可以直接在 Primary 上完成，对象仅仅在副本上降级，无任何影响。如果 Primary 上也处于降级状态，需要等 Primary 完成修复，才能继续。

---

[1] 记录的 PGLog 在 osd_max_pg_log_entries=10000 条以内，这个时候通过 PGLog 就能增量恢复数据。

客户端发起写请求，待访问的对象在一个或者多个副本上处于降级状态，必须修复该对象上所有的降级副本之后才能继续处理写请求。最坏情况，需要进行两次修复才能完成写请求（先修复 Primary，再由 Primary 修复其他降级副本）。

◆ Backfill

结合上述 Recovery 分析，Ceph 通常基于 PG 级别的日志（PGLog）保证副本之间的数据一致性。Backfill 指副本已经无法通过 PGLog 进行恢复，需要进行全量数据同步，即以 PG 为目标进行整体的数据迁移的过程。

因此，PG 的 Backfill 过程比 Recovery 过程时间要长。

◆ Stale

Monitor 服务检测到当前 PG 的 Primary OSD 离线，则 PG 处于 Stale 状态。Ceph 存储系统会自动选取 Up Set 中的第一个 OSD 作为 Primary OSD，由此，若一个 PG 长期处于 stale 状态，表征了它的所有副本所在的 OSD 守护进程均出现了问题。

结合上文 Degraded 及 Peered 状态描述，三副本场景下，PG 丢失三副本后，状态为 Stale+Undersized+Degraded+Peered，该状态下的 PG 不能对外提供 I/O 服务。

部分故障场景，如网络阻塞或者网络亚健康情况下，Primary OSD 超时未向 Monitor 进程上报 PG 相关的信息，PG 也会出现 stale 状态，故障消除后，PG 状态会恢复正常。

◆ Inconsistent

PG 通过 OSD 守护进程发起的数据检查（Scrub）、深度数据检查（Deep Scrub）检测到某个或者某些对象在 PG 间出现了不一致，则 PG 处于 inconsistent 状态。这种不一致可能为数据单副本之内与其自身元数据不一致（如数据真实长度与元数据记录信息不同），也可能为数据副本之间不一致（不同副本之间保存的数据内容不同）。数据不一致可以通过数据清洗命令进行修复。副本模式下，数据清洗命令只能手工触发；纠删码模式下，数据清洗命令可以配置为自动触发。数据清洗命令执行后，Ceph 会从其他的副本中将丢失的文件复制过来进行修复数据，修复的过程中，PG 的状态变化为 inconsistent → recover → clean，最终恢复正常。

◆ Down

当前剩余在线的 OSD 守护进程中的数据不足以完成 PG 数据修复，例如 PG 内某个 OSD 离线，新数据写入了剩余的两个 OSD 中，随后剩余的两个 OSD 离线，最早离线的 OSD 启动，这时，PG 内没有数据能够支撑这个 OSD 进行数据恢复，客户端 I/O 会夯住，只能通过拉起后两个 OSD 守护进程才能修复该问题。

2.4 小结

本章从分布式存储系统的数据寻址方案变迁角度切入，对比了存储系统元数据查表型寻址方式与计算型寻址方式两种实现方案的优劣；随后，对 Ceph 分布式存储系统采用的寻址方案进行了详细介绍，通过对 Ceph 寻址流程、CRUSH 算法因子、Bucket 随机选择算法的介绍，为读者展示了 Ceph 存储系统架构的核心内容；最后，对于 CRUSH 算法中引入的 PG 概念，从日常集群运行、运维角度，介绍了 PG 常见的状态机及其表征的含义。

第 3 章

Chapter 3

接入层

人们常将 Ceph 称为统一的分布式存储解决方案，统一性表现在 Ceph 基于其底层 RADOS 对象存储集群进行二次封装，通过 RADOS 存储集群支撑上层的 librados、RBD、RGW、CephFS 等服务；不仅如此，当前基于 Ceph 的 key-value 存储和 NoSQL 存储也在开发之中。

本章将从 Ceph 分布式存储的 3 个使用场景——块存储、对象存储、文件存储展开介绍。

3.1 块存储 RBD

Ceph 的 RBD 接口提供块存储服务，块存储是 Ceph 最稳定且最常用的存储类型。RBD 块设备可以类似于本地磁盘一样被操作系统挂载，具备快照、克隆、动态扩容、多副本和一致性等特性。

3.1.1 块设备映射

Ceph 块设备可以通过 librbd、KRBD、iSCSI 等方式进行访问。librbd 运行在操作系统用户态，可部署在客户端节点或存储节点；KRBD 运行在操作系统内核态，需要部署在客户端节点的操作系统内核中；iSCSI 方式则为客户端节点与存储集群服务节点之间通过 iSCSI 协议进行数据的传输，客户端启动 iSCSI initiator，服务端启动 iSCSI target。

下面分别介绍这 3 种访问方式。

1. librbd

RBD 块存储设备基于 librbd 的访问方式，按照所对接的客户端组件不同，又可进一步细分为 QEMU+librbd、SPDK+librbd 以及 NBD+librbd 三种。

（1）QEMU+librbd

QEMU 是一款开源的虚机模拟处理器（VMM），其与 Linux 内核中的 KVM 模块配合使用，可实现硬件级别的虚机加速效果，QEMU-KVM 加速是目前云计算 / 虚拟化领域使用最为广泛的方案。QEMU 通过 librbd 可实现对 Ceph 集群块存储服务的完美支持，其架构如图 3-1 所示。

该模式也是 Ceph 对接 OpenStack，作为虚机云盘后端存储的常见用法。

（2）SPDK+librbd

SPDK 最初是由英特尔开发的高性能用户态存储栈开发工具库，通过绕过内核、I/O 轮询等技术，极大提升了应用层对高速存储设备的存取速度。SPDK 在 bdev 层增加 RBD 驱动，通过 librbd 实现对 Ceph 集群块存储服务的访问，其架构如图 3-2 所示。

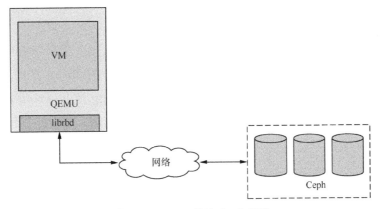

图 3-1　QEMU 连接 Ceph 示意

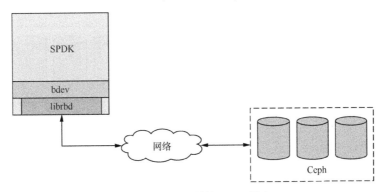

图 3-2　SPDK 连接 Ceph 示意

（3）NBD+librbd

NBD（Network Block Device）是 Linux 平台下实现的一种块设备，由 Client 端和 Server 端组成，Client 端已经集成在 Linux 内核中，Ceph 社区提供了 rbd-nbd 工具作为 Server 端，通过 librbd 实现对 Ceph 集群块存储服务的访问，其挂载流程如图 3-3 所示。

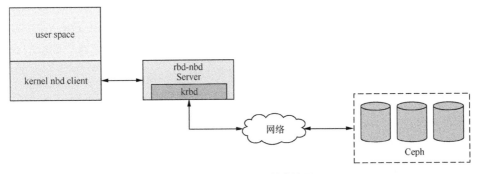

图 3-3　Ceph NBD 挂载流程

2. KRBD

KRBD 运行在客户端节点操作系统内核中，提供了对 Ceph 集群块存储服务进行访问的机制。在功能、特性支持方面，KRBD 远远落后于 Ceph 的 librbd 方式，很多高级特性均不支持，如 KRBD 模式下，挂载的逻辑卷仅支持 stripping 及 layering 特性，但正因为如此，相较于 librbd 方式，KRBD 模式 I/O 路径逻辑更加简洁，在性能方面占有一定优势，其挂载流程如图 3-4 所示。

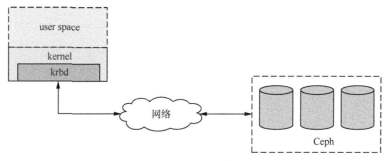

图 3-4　Ceph KRBD 挂载流程

KRBD 与 NBD+librbd 方式常用于 Ceph 存储集群对接容器使用场景，kubernetes 的 CSI（Container Storage Interface）组件默认支持 rbd 与 rbd-nbd 两种方式进行 Ceph 的 RBD 逻辑卷管理。

3. iSCSI

除 OpenStack 使用的 KVM 虚拟化技术外，其他虚拟化平台（如 Windows Hyper-V、VMware 等）无法直接通过 librbd 或者 KRBD 方式使用 Ceph RBD 作为后端块存储，故标准的 iSCSI 接口就成为跨平台使用 Ceph RBD 的最优方案。

在通过 iSCSI 方式使用块存储设备时，往往会提及 VMware VAAI（The vStorage APIs for Array Integration）以及 Windows ODX 等高级存储特性，下面简要对它们进行介绍。

（1）VMware VAAI

VMware 的 VAAI 被称为硬件加速 API，是一组用于 VMware ESXi 主机与后端存储设备通信的 API。若后端存储支持 VAAI 特性，则 VMware ESXi 主机可将部分存储相关操作卸载到后端存储集群执行，从而减少对 VMware ESXi 主机的 CPU、内存及网络等资源的开销，可大大提升 VMware 虚拟化平台的工作效率。

VMware VAAI 主要包含如下功能。

◆ Full Copy

针对虚机克隆和文件复制等场景，把数据复制工作下沉到后端存储中，避免 VMware ESXi 主机参与大量数据的读取和写回操作，可有效节省 CPU 和带宽资源。

◆ Block Zeroing

针对创建虚拟磁盘格式化清零场景，VMware ESXi 主机通过下发一个标准 SCSI 的 WRITE SAME 命令来进行虚拟磁盘格式化，该命令携带待格式化的数据范围和格式化数据模板，避免了大量的写零操作。

◆ Hardware-Assisted Locking（ATS）

VMFS（Virtual Machine File System）作为多主机共享的集群文件系统，需要通过加锁来避免冲突。该特性主要用到了 ATS 锁，与 PR 锁相比，ATS 是一种粒度更小的锁机制，它只针对写的单个数据块加锁。VMware ESXi 使用 SCSI 的 CompareAndWrite 命令来对 LUN 中的数据块进行加锁和解锁，保证块区域修改的原子性，提高了 VMFS 的 I/O 并发能力。

◆ Thin Provisioning（UNMAP）

针对存储精简配置场景，VMware ESXi 主机向后端存储发出一个 SCSI 的 UNMAP 命令，后端存储即可将执行范围内的空间进行回收，以减少存储空间使用。

（2）Windows ODX

Windows ODX（Offloaded Data Transfer）由微软公司提出，是在 Windows 8 及 Windows Server 2012 中新增的功能，同 VAAI 设计目标一样，期望通过该功能把数据复制操作卸载到后端存储设备中执行，以此降低 Windows 虚拟化服务器的 CPU、内存和网络等资源开销，ODX 功能相对简单，与 VMware VAAI 中的 Full Copy 功能类似。

3.1.2　快照与克隆

块存储设备的快照与克隆都是指定数据集合在某一时刻的一个完全可用的数据拷贝，快照具有只读属性，克隆具有读写属性，也有人将克隆称为可写快照。Ceph RBD 设备的快照和克隆操作存在相关性，即克隆操作一定要基于某一已创建的快照进行。

1. 快照与克隆的使用场景

快照和克隆的使用场景可总结为以下两类。

（1）用于保护数据

存储快照是一种数据保护措施，可以对逻辑卷数据进行一定程度的保护。比如因为某种原因（如误操作等）导致了逻辑卷数据损坏，可以通过对该逻辑卷之前某时刻创建的快照进行回滚（rollback）操作，将数据恢复至快照创建时的状态，这样可以尽量降低数据损坏带来的影响，损失的数据仅为快照创建后更改的数据。

该功能一般推荐在软件升级或者机房设备替换等高危操作之前执行，一般选择在夜间或者其他生产业务负载较低的时段。高危操作之前先对逻辑卷数据进行快照操作，若高危风险的操作变更失败，则将逻辑卷进行快照回滚操作，将数据恢复至高危操作之前的状态。

Ceph 块存储提供的快照服务为崩溃一致性而非应用一致性，即 Ceph 的快照操作不会静默数据库等应用系统，不会备份内存数据，不保证应用系统层面的数据一致性，而仅针对已落盘数据生效。在快照创建操作进行时，虚机内存中缓存的脏数据（新写入的数据）因其未最终落盘，不会包含在快照的保护范围之内。

（2）快照卷作为源数据，提供给上层业务使用

应用于对数据只读场景，如数据挖掘、开发测试的部分场景。该场景下，先对逻辑卷进行快照创建，将创建好的快照卷提供给上层业务使用，快照卷的只读特性不仅可满足上层业务的访问需求，也可以有效防止误操作对原逻辑卷数据的更改。

对于 OpenStack 的虚机发放场景，也可以使用该方法。对于存储虚机系统盘镜像的逻辑卷，在 Ceph 存储集群中为其创建快照，当后续 OpenStack 接收到同样规格镜像的虚机创建请求时，就可以直接基于快照卷进行克隆操作，作为新虚机的系统卷使用，而不必为每台虚机都向 glance 服务拉取镜像。Ceph 块存储的克隆操作速度远远高于从 glance 服务拉取镜像的速度，可以大幅度提升虚机发送的速度。

2. 快照和克隆的实现方式

当前快照 / 克隆有两种实现方式，分别是 COW（Copy on Write）和 ROW（Redirect on Write）。

（1）COW 快照 / 克隆原理

假设有一个卷包含 6 个数据切片，编号分别为 1~6，在某一时刻对该卷进行快照操作生成新的快照卷，快照卷也有 6 个数据块，且和源卷一样指向相同的数据块物理空间。

生成快照后，有新的 I/O 要写入源卷（假设 I/O 落在源卷的第 6 个数据块上），这时会修改源卷的第 6 个物理块空间，对于 COW 而言，其修改步骤会进行如下几个操作。

1）首先会分配一个新的物理块，将其编号为 7；

2）读出第 6 个物理块中记录的数据；

3）将读出的第 6 个物理块数据写入到新分配的第 7 个物理块空间内；

4）更新快照卷 map 信息，指向第 7 个物理块空间；

5）更新源卷的第 6 个物理块空间内的数据。

该流程之后的效果为源卷维持原状，数据仍存储在物理块 1、2、3、4、5、6 之中，快照卷数据存储位置则发生了变化，数据存储在物理块 1、2、3、4、5、7 之中，如图 3-5 所示。

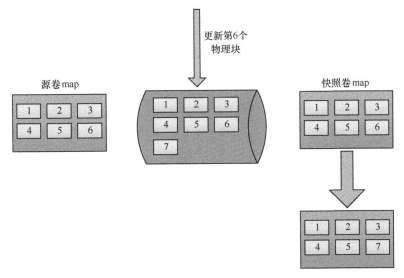

图 3-5　COW 快照示意

对源卷而言，存储数据的物理块不发生变化，数据在物理块中原地修改。该特性在传统的 SAN 存储设备中优势较为突出，因为在 SAN 设备中，LUN 的存储空间通常在物理上也连续，COW 过程对于源卷而言不产生新的碎片，快照之后源卷存储空间仍连续，不影响源卷的顺序读写效率（机械盘的 "电梯" 调度算法可以很好地处理连续地址空间的读写操作）；但该特性在 Ceph 这样一个基于 Object 分片存储的分布式存储系统中，效果十分有限，因为原本逻辑卷的地址空间就是离散的，即使快照后产生新的物理块地址，对于逻辑卷的读写效率影响也不大。

COW 机制会造成写放大，一个 I/O 写入操作，变成了 1 读 2 写。该特性在同一个源卷创建多个快照之后，对于 I/O 性能的劣化效果更为明显，因为在为快照向新的物理空间复制出一份数据之后，还要为所有已创建的快照修改数据块的地址指针，快照越多，需要修改的指针就越多。

（2）ROW 快照 / 克隆原理

同样，对于上述场景，假设有一个卷包含 6 个数据切片，编号分别为 1~6，在某一时刻对该卷进行快照操作生成新的快照卷，快照卷也有 6 个数据块，且和源卷一样指向相同的数据块物理空间。

生成快照后，有新的 I/O 要写入源卷（假设 I/O 落在源卷的第 6 个数据块上），这时会修改源卷的第 6 个物理块空间，对于 ROW 而言，其修改步骤包括如下几个操作。

1）首先会分配一块新的物理块，将其编号为 7；

2）将新的 I/O 数据写入新分配的第 7 个物理块中；

3）更新源卷 map，指向第 7 个物理块空间。

该流程之后的效果为源卷数据写入位置发生变化，存储在物理块 1、2、3、4、5、7 之中，快照卷数据存储维持原状，数据存储在物理块 1、2、3、4、5、6 之中，如图 3-6 所示。

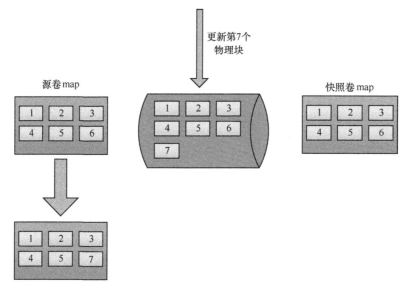

图 3-6 ROW 快照示意

ROW 机制没有写放大，写性能比 COW 要好。对快照卷而言，不需要修改存储数据的物理块位置，即 ROW 的性能与源卷已创建的快照数量无关。

ROW 机制下，源卷数据存储物理空间发生变化，但同前文分析，对于传统 SAN 存储系统，该特性会劣化源卷的顺序读写性能，但对于分布式存储系统，源卷的数据寻址性能不会受到任何影响。

通过上述介绍可知，COW 与 ROW 两种快照 / 克隆机制各有优劣势，有自身适用的场景，ROW 机制更适合分布式存储场景，但遗憾的是 Ceph 分布式存储系统采用的是 COW 快照 / 克隆机制，目前业界已有部分基于 Ceph 定制的存储系统将快照 / 克隆机制从 COW 改为 ROW。

3. Ceph RBD 设备的快照和克隆

RBD 快照是 RBD 设备在某个特性时间点全部数据的只读镜像，一个 RBD 设备支持创建多个快照。目前 RBD 层面已具备一致性快照组的功能，可将相关的若干个 RBD 设备（如同一个虚机的系统盘和数据盘）组成一个组（Group），然后直接对该一致性组统一进行快照操作。Ceph 的一致性快照组功能提供的也是崩溃一致性，仅对已落盘数据生效，不保证应用系统层面的数据一致性。

RBD 克隆基于 RBD 快照功能实现，基于 RBD 的某个快照执行克隆操作，即可得到一个新的克隆卷，用户不感知其所使用的卷是否为克隆卷，用户可以像操作一般的 RBD 设备一样，使用克隆卷。

Ceph 的 RBD 快照和克隆均采用了 COW 机制，在对 RBD 进行创建快照和克隆操作时，此过程不会涉及数据复制，故这些操作可瞬时完成。需要说明的是，当一个 RBD 上有较多层级的克隆卷时，对克隆卷进行读写时，可能会涉及较多层级的递归查询操作，会对克隆卷的性能产生不小的影响，故当克隆层级过多时，可解除克隆卷与源卷（或上层快照）之间的依赖关系，这样在对克隆卷进行读写访问时便不再涉及 COW 和多级递归查询操作。

3.1.3　远程复制

Ceph 在 Jewel 版引入了 rbd-mirror 新功能，它可以将数据从主集群异步复制到备份集群，备份集群往往规划在不同的地理位置，以此提升存储集群数据的安全性。这种架构具备了异地灾备的特性，对一些安全性和实时性要求较高的应用提供了解决方案。

1. Ceph 常用的备份技术及存在的问题

目前，在 Ceph 中主要是通过快照、备份技术来构建数据的备份副本，在故障时通过数据的历史副本恢复用户数据。Ceph 自身也采用了多副本冗余方式，来提升服务的可用性和数据的安全性。但这 3 种技术都存在着自身的不足。

快照与源卷存放在同一个集群，在源卷误删除场景下可以恢复，但如果遇到断电、火灾、地震等整机房级别的故障，该方案就显得无能为力。且 Ceph 快照采用的 COW 技术会影响源卷的写入性能。

备份虽然可以将数据复制到对象存储或者其他备份存储系统中，但是备份和恢复的时间可能要数分钟到十几小时，无法保证业务的连续性。

而多副本方式采用的是强一致性同步模型，所有副本都必须完成写入操作才算一次用户数据 I/O 写入成功，这导致了 Ceph 存储集群在跨域部署时性能表现欠佳，因为如果副本在异地，网络时延就会增大，拖垮整个集群的 I/O 写入性能。生产实践中，Ceph 存储集群不建议跨地域部署。

对数据安全性和业务连续性要求高的场景，需要存储系统支持异地容灾功能。异地容灾需要具备以下两大特性。

（1）备用站点和主站点规模一致，且分布在不同区域，具有一定的安全距离。

（2）备用站点和主站点数据一致，可以在短时间内进行故障切换，对业务影响小。

Ceph 的 rbd-mirror 新特性具备以下特点，可以较好地满足上面的要求。

◆ 维护主卷和备份卷的崩溃一致性；

◆ 备份集群的数据能随主集群更新而更新；

◆ 支持故障切换。

2. rbd-mirror 原理

rbd-mirror 有两种同步方式：Event 模式和 Image 模式。

Event 模式是常用方式，Event 方式借助 RBD 的 journaling 特性，rbd-mirror 进程负责监控远程伙伴集群的 Image Journal 缓冲区，并重回放日志事件到本地，这种方式和 MySQL 的主从同步原理较为类似。RBD Image Journaling 特性会顺序记录发生的修改事件，可以保证 image 和备份卷之间数据的崩溃一致性。

远程异步复制需要额外部署 rbd-mirror 进程服务，根据备份方式的不同，rbd-mirror 进程可以在单个集群上或者互为主备的两个集群上运行。

◆ 单向备份，当数据从主集群备份到备用集群的时候，rbd-mirror 进程仅在备份群集上运行，如图 3-7 所示。

◆ 双向备份，如果两个集群互为备份的时候，rbd-mirror 进程需要在两个集群上都运行。

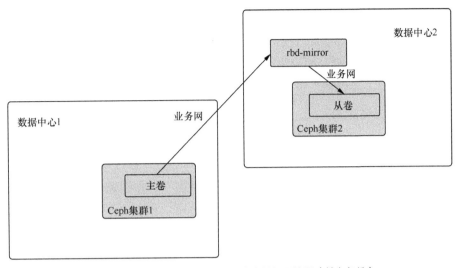

图 3-7　rbd-mirror 进程在数据中心的部署位置（单向备份）

当 RBD Journal 功能打开后，所有的数据更新请求会先写入 RBD Journal 缓冲区，然后后台线程再把数据从 Journal 缓冲区刷新到对应的 Image 区域。RBD Journal 提供了比较完整的日志记录、读取、变更通知以及日志回收和空间释放等功能，可以认为是一个分布式的日志系统。rbd-mirror 的工作原理见图 3-8。

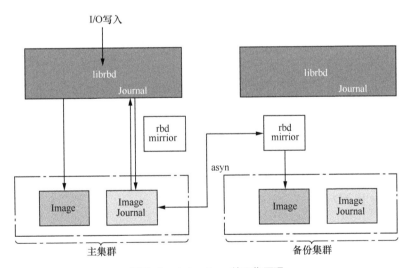

图 3-8　rbd-mirror 的工作原理

具体步骤如下。

（1）I/O 会写入主集群的 Image Journal 缓冲区；

（2）Journal 缓冲区写入成功后，回复客户端响应，然后写到主集群的 RBD 卷中；

（3）备份集群的 rbd-mirror 进程发现主集群的 Journal 缓冲区有更新后，从主集群的 Journal 缓冲区读取数据，写入备份集群；

（4）备份集群写入成功后，会更新主集群 Journal 缓冲区中的元数据，表示该 I/O 的 Journal 缓冲区数据已经同步完成；

（5）主集群会定期或根据容量阈值检查，删除已经写入备份集群 Journal 缓冲区的数据。

RBD Journal 缓冲区默认和卷存储在同一个 Pool 中，也可以存放在不同的 Pool 中。例如将 Journal 缓冲区存放在由 SSD 组成的 Pool 中，一方面避免占用数据池的 I/O 资源，另一方面，使用 SSD 提升了 RBD Journal 的性能，可以全面提升写入性能。也可以将 Journal 缓冲区存放在 EC Pool 中，来节省空间，Journal Pool 和后端数据 Pool 没有大小和存储策略的一致性要求。Journal Pool 中除了存放数据，还需要记录一些元数据信息，包括：

pool_id：Journal 数据存放的 Pool；

journal_object_prefix：Journal Pool 中对象存放时加的前缀；

positions：（区域、对象数、偏移）按区域索引的元组；

object_size：每个对象的大小；

object_num_begin：当前 Journal 中，最小的对象编号，即下一个读取的 Object；

object_num_end：当前 Journal 中，最大的对象编号。

Image 方式则通过 sync point 来实现，它主要用在存量卷的异步复制上。在每次同步的时候做一个 snapshot，作为 sync point，然后进行数据复制。由于存量卷没有完整的 Journal 来进行 replay，比如将一个使用了很久的 Image 加入到 mirroring 里面，就必须使用 sync point 的方式来进行 Image 同步。使用 Image 模式时，同步完成后，后台自动创建的 snapshot 也会自动删除。

3. rbd-mirror 使用方法

目前 Ceph 支持两种模式的异步复制，分别为 Pool 模式和 Image 模式：

◆ Pool 模式，如果配置为 Pool 模式，那么存储池中所有 RBD 卷都会备份到远端集群；

◆ Image 模式，如果配置为 Image 模式，表示只会对特定的某些卷开启异步复制功能。

rbd-mirror 进程可以部署在独立的节点上，也可以和存储集群混合部署。独立部署时，需要确保该节点和两个存储集群的业务网（Public 网段）畅通，且带宽要足够大，以免成为数据同步的性能瓶颈。

rbd-mirror 配置步骤主要分为以下几步。

（1）处理 Ceph 配置文件和 keyring；

（2）设置备份模式：Image 或 Pool 模式；

（3）两个集群的同名 Pool 进行 Peer 配对；

（4）在主集群中创建带有 Journaling 属性的 RBD 卷；

（5）如果为 Image 备份模式，对该卷进行 rbd-mirror enable 设置；

（6）开启 rbd-mirror 进程。如果是双向备份，两个集群都需要启动该进程。

备份的 RBD Image 存在两种状态：primary 和 non-primary。Image 只有处在 primary 状态才能进行读写操作和属性更改，要想对备份卷进行读写操作和属性更改时，需要进行主备切换，使备份卷变成主卷才能操作。当第一次对 RBD 镜像进行异步复制时，Image 会自动晋升为 primary。

rbd-mirror 在备份集群选择存储池规则如下。

◆ 如果目标群集已配置了默认存储池（参照 rbd_default_data_pool 配置选项），则将使用它。

◆ 如果源镜像使用单独的存储池，并且目标集群上存在具有相同名称的池，则将使用该池。

◆ 如果以上两个都不成立，则不会使用任何存储池。

4. 卷的 Promotion 和 Demotion

在一些场景下，如主集群性能差、磁盘故障、机房维护等，需要对主备集群进行故障切换，primary 级别的 RBD 镜像需要切换到备份的 Ceph 集群，并停止所有的访问请求。切换流程如下。

（1）查看数据的同步完成情况，确保数据已同步完成；

（2）将 primary 级别的 Image 降级为 non-primary，可以针对单个卷，也可以对整个 Pool；

（3）将备份集群中对应的非主 Image 提升为 primary。

当降级无法传播到对等 Ceph 群集时（例如，Ceph 群集故障，通信中断），需要使用 --force 选项强制升级。

rbd-mirror 仅提供了便于镜像有序迁移的工具，由于采用异步复制策略，无法实现双活，无法实现故障的自动切换，还需要外部机制来协调整个故障转移过程。

5. 脑裂处理

在主备切换时，如果强制使用 --force 选项升级，或者因操作不当，系统中出现两个 primary 时，会导致两个对等方之间出现脑裂情况，并且在发出强制重新同步命令之前，逻辑卷将不再处于同步状态。

一旦同步出现脑裂情况，rbd-mirror 将停止同步操作，此时必须手动决定哪边的 Image 是权威的，然后通过手动执行 rbd-mirror image resync 命令恢复同步。因为要人为选择一边作为 primary，所以存在一定的数据丢失的风险。

6. 目前存在的问题和展望

rbd-mirror 存在如下两个问题。

（1）性能问题

当 RBD Journal 属性打开后，所有的数据会先写到 Journal，造成了双写，导致性能大幅下降。通过测试，性能下降幅度会超过 40%。虽然使用独立的 SSD Pool 存放 RBD Journal 可以提升性能，但是经实测，作用有限，性能问题是很多人对 rbd-mirror 有所顾忌的最大因素。

（2）部署和维护复杂

目前 rbd-mirror 进程需要独立部署和配置，配置步骤多，运维操作复杂，自带的管理平台使用起来不友好，还需进一步提升。

针对 Journal 模式存在的性能大幅下降问题，Ceph 在 O 版推出了基于 snapshot 模式的卷的异步复制，此模式使用定期计划或手动创建 RBD 快照，然后基于快照将主集群的数据异步复制到备份集群的策略。借助 RBD 的 fast-diff 功能，无须扫描整个 RBD 卷即可快速确定更新的数据块。备份集群根据两边快照之间的数据或元数据差异，将增量数据快速同步到本地。该模式目前刚推出，使用的较少，后续还要在使用中不断完善。

3.1.4　RBD Cache

1. RBD Cache 介绍

RBD Cache 在 Ceph 的块存储接口中，用来缓存客户端的数据，它主要提供读缓存和写合并功能，最终提高 I/O 读写的性能。需要注意的是，Ceph 既支持以内核模块方式动态地为 Linux 主机提供块设备（KRBD），也支持以 QEMU Block Driver 的形式为 VM 提供虚拟块设备（QEMU+librbd），本章节描述的是第二种形式。

RBD Cache 目前在 librbd 中主要以 Object Buffer Extent 为基本单位进行缓存，一个 RBD 块设备在 librbd 层以固定大小分为若干个对象，而读写请求通常会有不同的 I/O 尺寸，每个请求的 Buffer 大小都会以 Object 为单位放到一个或多个 Object Buffer Extent 中。

目前 RBD Cache 只支持以内存形式存在，因此需要提供一些策略来不断回写到 Ceph 集群来实现数据持久化，以防止客户端掉电引起的 RBD Cache 缓存数据丢失。

在 librbd 中有若干选项来控制 RBD Cache 的大小和回写策略。

rbd_cache_size：控制 librbd 能使用的最大缓存大小。

rbd_cache_max_dirty：控制缓存中允许脏数据的最大值。

rbd_cache_target_dirty：控制 RBD Cache 开始执行回写过程的脏数据水位线，其数值不能超过 rbd_cache_max_dirty 大小。

rbd_cache_max_dirty_age：控制缓存中单个脏数据最大的存在时间，避免脏数据长时间存在。

除了在空间维度和时间维度控制缓存回写逻辑之外，librbd 也提供了 flush 接口，该接口同样能够触发缓存中的脏数据回写操作。

因为 RBD Cache 是以内存的形式存在，因此会出现下面的问题：

（1）内存作为缓存，缓存空间不能太大；

（2）Kernel crash 或者主机掉电，很容易造成数据丢失的风险。

为了解决上面的问题，Ceph 引入一种非易失存储介质代替内存，持久化 RBD Cache 数据。为了适配这种新的存储介质，RWL（Replicated Write Log）技术被开发出来，下面对 RWL 进行介绍。

2. RWL 使用的 PMDK 技术

PMDK，全称 Persistent Memory Development Kit，它是一套具有 DAX（Direct Access）访问特性的开发工具库。

NVM（Non-Volatile Memory）存储能够使具备 DAX 功能的文件系统直接暴露在用户空间，用户态程序可以使用标准的文件系统 API 来操作 NVM，同样也可以使用 mmap 将其直接映射到用户空间。无论使用哪种方式，对 NVM 的操作都会直接转换为对 NVM

的登录（load）和存储（store），中间没有页面缓存（page cache）（这也是支持 DAX 模式的文件系统和普通文件系统之间的主要区别）。

在使用文件系统时，数据的完整性一般都由文件系统来保证，而 NVM 作为一种非易失性存储，在使用 mmap 方式来读写时，如何保证数据的完整性和一致性就显得尤为重要。通常有很多种方式可以做到这一点（后文将展开讨论），比如靠上层应用程序自己的策略来保证，也可以使用第三方库来保证，PMDK（更具体点来说是 PMDK 中的 libpmemobj）就是用来完成这项工作的。在图 3-9 中箭头的位置都是 libpmemobj 库的位置。

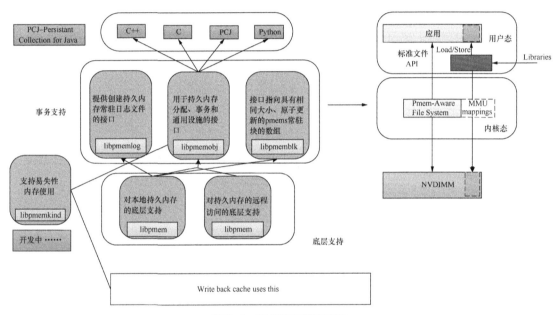

图 3-9　PMDK 架构和应用

3. RWL 架构

图 3-10 所示的是 RWL 的架构，从图中可以看出，计算节点提供 persist memory，来存储缓存数据，在存储节点也提供 persist memory，作为计算节点缓存数据的冗余备份。

RWL 保存缓存数据的过程如下。

（1）客户端对 Image 发送写请求；

（2）每个 Image 在本地的 persist memory 中，都会有一块独立的空间来存储缓存数据；

（3）把客户端的数据和一些控制信息封装成一个结构体，这里称作数据日志，存储在

persist memory 中，每写一些数据日志（比如 30 条数据日志），会增加一条同步日志；

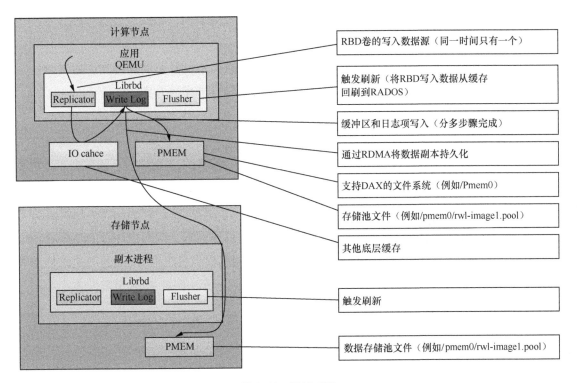

图 3-10　RWL 架构

（4）与此同时，通过 RDMA 技术，把封装的结构体在远端的 persist memory 中再备份，达到容灾的目的。

因为客户端每次的写入数据都优先存储在 persist memory 中，而没有通过 librbd 写入 Ceph 存储集群中，所以这些数据会标记为脏数据；RWL 会根据一些条件，把这些脏数据写入 Ceph 集群，这样 persist memory 就会有空间存储新的客户端数据。

表 3-1 所示是开启 RWL 和没有开启 RWL 的测试数据。通过数据可以看出，开启 RWL 后，IOPS 得到了大幅提升。

表 3-1　100GB 卷空间测试对比

cache	io size	iodepth	rwl size	rbd_cache_ disable_patch	VM cache attr	IOPS	BW	Avg-lat
enable	16 KB	1	1G	YES	writeback	4960	81.3 Mbit/s	3041.43 μs
disable	16 KB	1	N/A	YES	none	323	5292 Kbit/s	6306.72 μs

4. RWL 的优点和局限性

RWL 可以提高数据的读写性能，满足用户对高性能的要求，即使服务器掉电，数据也不会丢失，为用户提供了较高的数据高可用性。

RWL 必须使用 persist memory 存储设备，普通的存储设备无法满足其使用要求，目前这种 persist memory 设备仍然相当昂贵，用户需要综合考虑该方案的性价比。

3.1.5　QoS

QoS（Quality of Service）是一种控制机制，它提供了针对不同用户或不同数据流采用不同优先级的 I/O 读写能力服务策略，可根据程序的要求，保证数据流的性能达到一定的水准。

在存储领域，QoS 主要表现为对存储访问的 IOPS 或者带宽（Bandwith）控制，一个优秀的 QoS 算法要求能够满足每个 Client 的最低请求处理需求，同时也保证 I/O 服务能力不超过预设值限制，且能够根据优先级不同，分配不同的权重资源，mClock 就是这样的算法。令牌桶也能够实现一定的 QoS 上限能力限制，但因其无法保证 QoS 下限，本小节不做展开介绍。

1. mClock

mClock 是基于时间标签的 I/O 调度算法，适用于集中式管理的存储系统。mClock 使用 Reservation、Limit 及 Proportion 作为 QoS Spec。Client 端提供（r, l, w）参数值，Server 端根据这 3 个参数计算时间标签（计算公式见式 3-1、式 3-2、式 3-3，式中运算符号含义说明见表 3-2），并分为两个阶段处理 I/O 请求。

（1）Constraint-Based 阶段，处理所有预留时间标签满足条件的请求（预留时间标签值小于或等于当前时间）；

（2）Weight-Based 阶段，处理上限时间标签满足条件的请求，若有多个 Client 同时满足条件，则依据权重时间标签的大小决定处理顺序（即权重时间标签较小的 Client 的请求优先被处理）。

$$R_i^r = \max\left\{R_i^{r-1} + \frac{1}{r_i}, t\right\} \qquad\qquad （式 3\text{-}1）$$

$$L_i^r = \max\left\{L_i^{r-1} + \frac{1}{l_i}, t\right\} \qquad\qquad （式 3\text{-}2）$$

$$P_i^r = \max\left\{P_i^{r-1} + \frac{1}{w_i}, t\right\}$$

（式 3-3）

表 3-2　运算符号含义说明

符号	含义
R_i^r	表示 Client i 的第 r 个请求的预留时间标签[1]
L_i^r	表示 Client i 的第 r 个请求的上限时间标签
P_i^r	表示 Client i 的第 r 个请求的权重时间标签
r_i	表示 Client i 的预留值
l_i	表示 Client i 的上限值
w_i	表示 Client i 的权重

mClock 算法的伪代码如下所示。

```
RequestArrival (request r, time t, client Ci)
begin
if Ci was idle then
        minPtag = minimum of all P tags
        foreach active Cj do
                Pj -= minPtag-t

    R<i, r> = max{R<i, r-1> + 1/r<i>, t}
    L<i, r> = max{L<i, r-1> + 1/l<i>, t}
    P<i, r> = max{P<i, r-1> + 1/w<i>, t}
    ScheduleRequest()
end

ScheduleRequest ()
begin
    Let E be the set of requests with R tag <= t
    if E not empty then
        select IO request with minimum R tag from E
    else
        Let E' be the set of requests with L tag <= t
    if E' not empty then
        select IO request with minimum P tag from E'
    /*Assuming request belong to client c<k>*/
    Subtract 1/r<k> from R tags of C<k>
end
```

mClock-Server 动态地工作在 Constraint-Based 和 Weight-Based 阶段，为了减少

---

[1]　Client i 第一个到达的请求的时间设为 t (t = current time)。

Client 之间的竞争，它总是期望请求在 Constraint-Based 阶段被处理。当某个 Client 的请求在 Weight-Based 阶段被处理，该 Client 子队列剩余请求的预留时间标签都要减去 $1/r$，以保留该 Client 预留时间标签的正确性，调整过程如图 3-11 所示，若不对剩余请求的预留时间标签进行处理，则第三个请求的初始的预留时间标签 $t+3/r$ 更难以满足 Constraint-Based 阶段被处理的条件，从而使得该 Client 的 I/O 请求一直在 Weight-Based 阶段被处理，无法满足预期的预留效果。

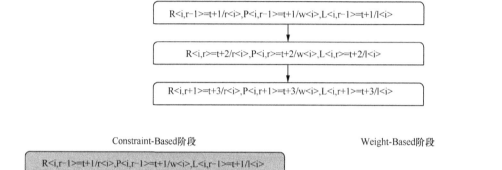

图 3-11　请求在 Weight-Based 阶段被处理时预留时间标签调整过程

　　mClock 存在一定的局限性，即 mClock 的应用场景为多个 Client 向同一个 Server 端发送请求，但是对于分布式存储系统，需要多个 Client 端向多个 Server 端发送请求，mClock 算法在此类场景不再适用。

2. dmClock

　　Distributed mClock（即 dmClock）算法对 mClock 算法进行了改进，dmClock 是 mClock 的分布式版本，需要在每个 Server 上都运行一个 mClock 服务端，将 QoS Spec 分到不同的 Server 共同完成。

　　dmClock 算法与 mClock 算法之间的差异如下。

　　（1）分布式系统中的各个 Server 向 Client 返回的响应结果中包含其请求在哪个阶段被处理；

　　（2）Client 会统计各个 Server 所完成请求的个数，在向某一 Server 发送请求时，请求中会携带自上次给该 Server 下发的请求之后，其他 Server 完成的请求个数之和，分别用 ρ 和 δ 表示两个阶段的增量；

（3）Server 在计算请求时间标签时，不再根据步长（$1/r$，$1/w$，$1/l$）等长递增，而使用 ρ 和 δ 调整因子，使得总的处理速度满足 QoS 约束条件。

请求的时间标签计算公式见式 3-4、式 3-5、式 3-6。

$$R_i^r = \max\left\{R_i^{r-1} + \frac{\rho_i}{r_i}, t\right\} \qquad （式 3-4）$$

$$L_i^r = \max\left\{L_i^{r-1} + \frac{\delta_i}{l_i}, t\right\} \qquad （式 3-5）$$

$$P_i^r = \max\left\{P_i^{r-1} + \frac{\delta_i}{w_i}, t\right\} \qquad （式 3-6）$$

如前面所讲，dmClock 也是由 Client 和 Server 两部分组成，其中 Client 的主要功能是统计每个 Server 分别在两个阶段完成请求的个数，以此来调整 Server 处理请求的速率。Server 部分是算法的核心，每个 Server 中的 dmClock–Server 队列由一个两级映射队列组成，如图 3-12 所示，一级是由各个 Client 组成的 Client queue，另一级是 Client 对应的请求子队列 request queue。

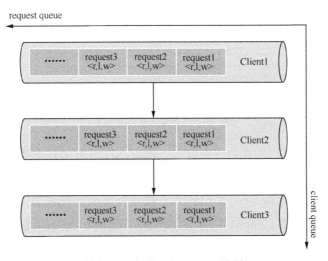

图 3-12　dmClock–Server 队列

由于请求出队列的过程涉及大量的实时排序调整，因此服务器在生成 dmClock–Server 队列时，会基于 QoS 的 3 个时间标签构造 3 棵完全二叉树，每棵二叉树的节点为各个 Client 请求子队列，节点在二叉树中的位置取决于其 Client 请求子队列队首元素的时间标签，构造规则是父节点的时间标签小于子节点。

请求入队列的执行流程如图 3-13 所示。若某个 Client 向 Server 发送请求，如果 Server 中该 Client 的请求子队列中不存在未处理的请求，或子队列并不存在（即新来了一个 Client，需要新创建子队列），则不仅需要让请求进入队列，还需将 Client 加入标签二叉树中，并依据标签时间的大小将其调整到正确位置。如果该 Client 的请求子队列中存在未处理的请求，则直接将该请求插入队列尾部即可。

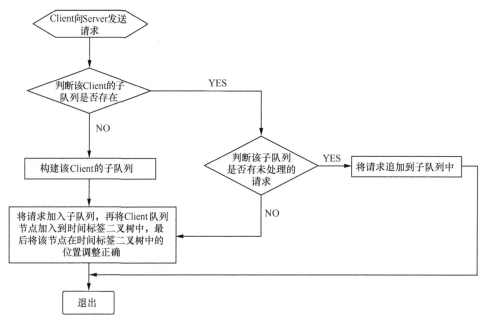

图 3-13　请求入队列的流程

请求出队列的执行流程如图 3-14 所示。先进入预留时间标签阶段，取预留标签二叉树的 root 节点请求队列，判断其队首元素的预留时间标签是否满足出队条件，若满足，则使 root 节点队列的队首元素（req）出队列（并调整该节点在预留二叉树中的位置，同时也要调整该 root 节点对应 Client 的子队列在权重二叉树和上限二叉树中的位置）；否则进入基于上限和权重时间标签阶段，从上限二叉树的 root 节点开始，依次开始判断节点队列的队首元素的上限时间标签是否满足出队条件，将满足出队条件的请求的 ready 位标记为 true，再依据权重时间标签大小将权重二叉树中队列队首元素的 ready 位被标记为 true 的节点调整到合适位置，让位于权重标签二叉树 root 节点的队首元素出队列，最后再去调整该 Client 在权重、上限、预留标签二叉树中的位置。

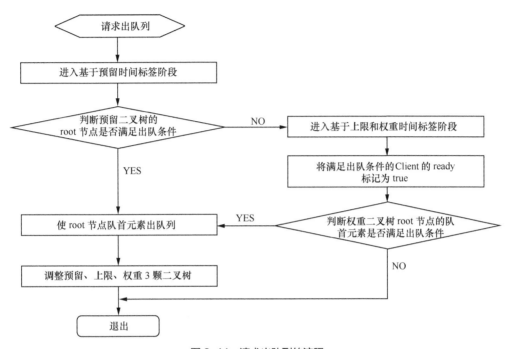

图 3-14 请求出队列的流程

下面以实例形式分析 dmClock 算法执行过程。

如表 3-3 所示，假设某分布式系统中有 5 个 Client，这些 Client 的基准时间都为 t_o=0.0，每个 Client 的请求队列中有两个请求，QoS 模板设置为 $[r, l, w]$，每个请求都以 $1/r$，$1/l$，$1/w$ 为间隔打标签，若当前时间 T=0.024s，请求出队列。

表 3-3 案例示例数据

client	QoS	request1			request2		
		R<i, 1>	L<i, 1>	P<i, 1>	R<i, 2>	L<i, 2>	P<i, 2>
1	[20, 40, 5]	0.05	0.025	0.2	0.1	0.05	0.4
2	[10, 30, 3]	0.1	0.033	0.333	0.2	0.066	0.666
3	[30, 50, 2]	0.033	0.02	0.5	0.66	0.04	1
4	[40, 60, 1.25]	0.025	0.017	0.8	0.05	0.034	1.6
5	[70, 100, 4]	0.014	0.01	0.25	0.028	0.02	0.5

（1）构造 reservation tag、limit tag 及 weight tag 二叉树过程（请求入队列的过程），

见图 3-15 ~ 图 3-17。

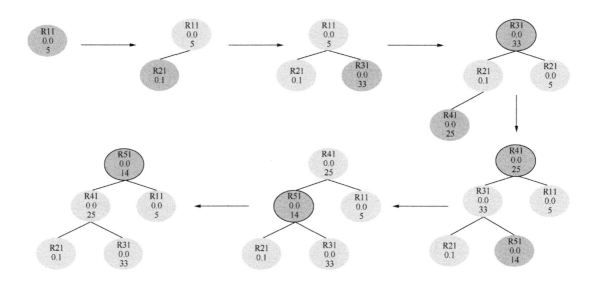

图 3-15　构造 reservation tag 二叉树过程

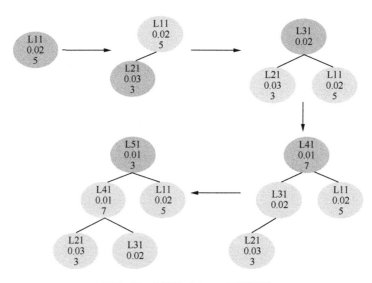

图 3-16　构造 limit tag 二叉树过程

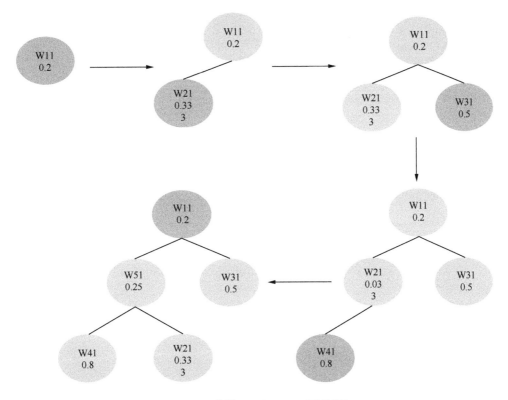

图 3-17 构造 weight tag 二叉树过程

（2）Constraint-based 阶段（请求出队列的第一阶段），见图 3-18 ~ 图 3-20。

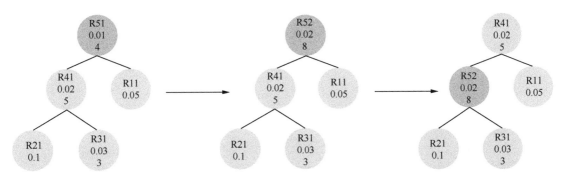

图 3-18 请求在 Constraint-based 阶段出队列 - 预留标签二叉树调整过程

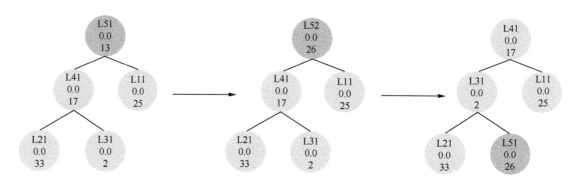

图 3-19　请求在 Constraint-based 阶段出队列 – 上限标签二叉树调整过程

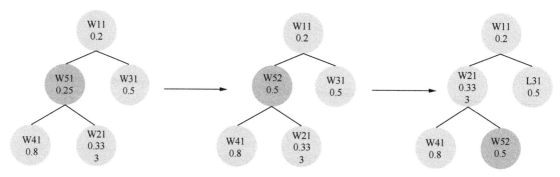

图 3-20　请求在 Constraint-based 阶段出队列 – 权重标签二叉树调整过程

（3）Weight-based 阶段请求出队的过程，见图 3-21 ～ 图 3-24。

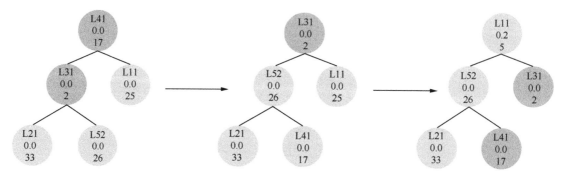

图 3-21　找出满足出队条件的 Client

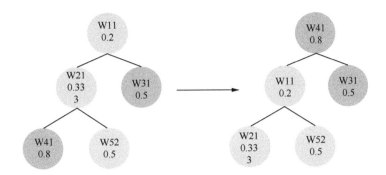

图 3-21　找出满足出队条件的 Client（续）

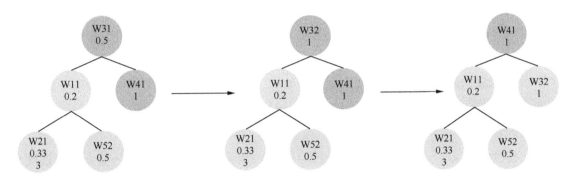

图 3-22　请求在 Weight-based 阶段出队列 – 权重二叉树的调整过程

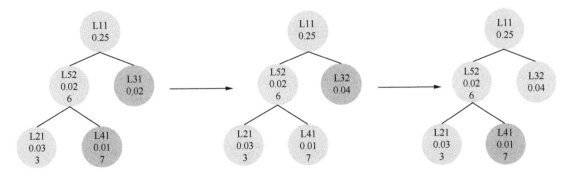

图 3-23　请求在 Weight-based 阶段出队列 – 上限时间标签的调整过程

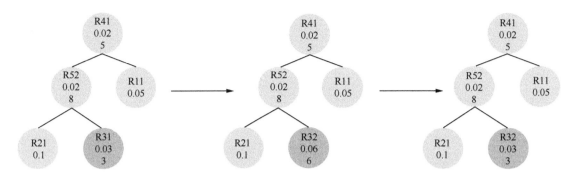

图 3-24　请求在 Weight-based 阶段出队列 – 预留标签时间的调整过程

3.1.6　Burst I/O

Burst I/O 指的是云盘在一定时间内达到 IOPS 突发上限的能力，突发能力适用于云服务器的启动场景，如系统盘，若有持续突发能力，就能够大幅度地提升云服务器的启动速度。

Ceph RBD 设备突发能力的实现基于令牌桶。突发时，令牌的消耗速度大于令牌的生成速度，令牌的数量逐渐减少，最后 IOPS 会维持和桶生成令牌的速度一致，即达到 IOPS 的上限，理论上：

可持续的突发时间 = 最初令牌桶中的令牌数 /（实际 I/O 请求的速度 – 令牌生成速度）

然而实际上这样是无法控制突发速度的上限和突发时间的，这样的突发应该理解为可突发的 I/O 请求量，举例说明一下，如卷的上限 IOPS 设置为 1000 IOPS（令牌生成的速率），卷突发设置为 2000 IOPS，若实际 I/O 请求速度刚好也是 2000 IOPS，那么突发时长实际是 2s，而且实际 I/O 请求速度并没有得到限制，若实际请求速度到了 5000 IOPS，那么实际突发时长仅为 0.5s，即 0.5s 后请求速度就被稳定限制在 1000 IOPS。

为了解决上述问题，需要对令牌桶算法进行优化，将令牌桶的容量设置为 burst_second × burst，然后向该令牌桶中添加一个小桶（容量为 burst），以令牌生成速度（也即 IOPS 的上限速度）生成的令牌放入令牌桶中，令牌桶再将令牌以突发速度流入小桶中，请求总是从小桶中获取令牌。这样，当 burst_second > 1 时，RBD 设备可以获得持续的突发能力，突发上限值由小桶容量 burst 决定，突发持续时间由 burst_second 控制，这些参数都可以通过指令在线动态地去设置。下面举例说明一下。

（1）在线设置参数

设置前如图 3-25 所示。

```
rbd_qos_read_iops_burst                    0        config
rbd_qos_read_iops_burst_seconds            1        config
rbd_qos_read_iops_limit                    0        config
```

图 3-25　参数设置前

rbd_qos_read_iops_burst：读 I/O 的突发限制。

rbd_qos_read_iops_burst_seconds：读 I/O 突发的持续时间。

rbd_qos_read_iops_limit：每秒读 I/O 限制。

设置后如图 3-26 所示。

```
rbd_qos_read_iops_burst                    5000     image
rbd_qos_read_iops_burst_seconds            2        image
rbd_qos_read_iops_limit                    1000     image
```

图 3-26　参数设置后

将读 IOPS 限制设置为 1000，并将读 IOPS 突发设置为 5000，RBD 只能获得 2s 的突发级别 IOPS，然后维持限制级别。

（2）对比测试

设置前的测试结果如图 3-27 所示。

```
iodepth: (g=0): rw=randread, bs=(R) 4096B-4096B, (W) 4096B-4096B, (T) 4096B-4096B, ioengine=rbd, iodepth=128
fio-3.7
Starting 1 process
Jobs: 1 (f=1): [r(1)][100.0%][r=8092KiB/s,w=0KiB/s][r=2023,w=0 IOPS][eta 00m:00s]
iodepth: (groupid=0, jobs=1): err= 0: pid=152039: Wed Dec  9 15:07:24 2020
  Description  : ["rand read"]
   read: IOPS=3399, BW=13.3MiB/s (13.9MB/s)(1024MiB/77123msec)
    slat (nsec): min=0, max=6380.4k, avg=14313.74, stdev=111823.76
    clat (usec): min=665, max=16942k, avg=37637.89, stdev=352029.97
     lat (usec): min=671, max=16942k, avg=37652.20, stdev=352030.17
    clat percentiles (usec):
     |  1.00th=[    1876],  5.00th=[    4686], 10.00th=[    6259],
     | 20.00th=[    8291], 30.00th=[    9896], 40.00th=[   11469],
     | 50.00th=[   12911], 60.00th=[   14484], 70.00th=[   16319],
     | 80.00th=[   18744], 90.00th=[   23200], 95.00th=[   30278],
     | 99.00th=[  337642], 99.50th=[  968885], 99.90th=[ 5670700],
     | 99.95th=[ 7751074], 99.99th=[13220447]
   bw (  KiB/s): min=   16, max=46160, per=100.00%, avg=13692.18, stdev=17536.89, samples=153
   iops        : min=    4, max=11540, avg=3422.99, stdev=4384.19, samples=153
  lat (usec)   : 750=0.01%, 1000=0.05%
  lat (msec)   : 2=1.07%, 4=2.39%, 10=26.79%, 20=53.31%, 50=13.55%
  lat (msec)   : 100=0.82%, 250=0.84%, 500=0.39%, 750=0.18%, 1000=0.11%
  cpu          : usr=4.54%, sys=1.40%, ctx=70572, majf=0, minf=44
  IO depths    : 1=0.1%, 2=0.1%, 4=0.1%, 8=0.1%, 16=0.1%, 32=0.1%, >=64=100.0%
     submit    : 0=0.0%, 4=100.0%, 8=0.0%, 16=0.0%, 32=0.0%, 64=0.0%, >=64=0.0%
     complete  : 0=0.0%, 4=100.0%, 8=0.0%, 16=0.0%, 32=0.0%, 64=0.0%, >=64=0.1%
     issued rwts: total=262144,0,0,0 short=0,0,0,0 dropped=0,0,0,0
     latency   : target=0, window=0, percentile=100.00%, depth=128

Run status group 0 (all jobs):
   READ: bw=13.3MiB/s (13.9MB/s), 13.3MiB/s-13.3MiB/s (13.9MB/s-13.9MB/s), io=1024MiB (1074MB), run=77123-77123msec

Disk stats (read/write):
  sdd: ios=15106/5651, merge=0/4, ticks=488531/6011825, in_queue=6500367, util=74.62%
```

图 3-27　设置前的测试结果

设置后测试结果如图 3-28 所示。

```
iodepth: (g=0): rw=randread, bs=(R) 4096B-4096B, (W) 4096B-4096B, (T) 4096B-4096B, ioengine=rbd, iodepth=128
fio-3.7
Starting 1 process
Jobs: 1 (f=1): [r(1)][100.0%][r=3967KiB/s,w=0KiB/s][r=991,w=0 IOPS][eta 00m:00s]
iodepth: (groupid=0, jobs=1): err= 0: pid=152619: Wed Dec  9 15:16:27 2020
  Description  : ["rand read"]
   read: IOPS=1097, BW=4389KiB/s (4494kB/s)(429MiB/100136msec)
    slat (nsec): min=274, max=10400k, avg=14794.31, stdev=85905.37
    clat (usec): min=1727, max=272088, avg=116629.78, stdev=62572.28
     lat (usec): min=1737, max=272107, avg=116644.57, stdev=62570.53
    clat percentiles (msec):
     |  1.00th=[    7], 5.00th=[   11], 10.00th=[   18], 20.00th=[   45],
     | 30.00th=[   93], 40.00th=[  102], 50.00th=[  138], 60.00th=[  148],
     | 70.00th=[  150], 80.00th=[  157], 90.00th=[  203], 95.00th=[  211],
     | 99.00th=[  255], 99.50th=[  257], 99.90th=[  262], 99.95th=[  262],
     | 99.99th=[  264]
    bw (  KiB/s): min= 2960, max=26000, per=100.00%, avg=4389.45, stdev=2605.30, samples=200
    iops        : min=  740, max= 6500, avg=1097.35, stdev=651.33, samples=200
  lat (msec)   : 2=0.01%, 4=0.13%, 10=4.16%, 20=6.35%, 50=12.63%
  lat (msec)   : 100=13.00%, 250=61.46%, 500=2.27%
  cpu          : usr=1.46%, sys=0.53%, ctx=32357, majf=0, minf=44
  IO depths    : 1=0.1%, 2=0.1%, 4=0.1%, 8=0.1%, 16=0.1%, 32=0.1%, >=64=99.9%
     submit    : 0=0.0%, 4=100.0%, 8=0.0%, 16=0.0%, 32=0.0%, 64=0.0%, >=64=0.0%
     complete  : 0=0.0%, 4=100.0%, 8=0.0%, 16=0.0%, 32=0.0%, 64=0.0%, >=64=0.1%
     issued rwts: total=109878,0,0,0 short=0,0,0,0 dropped=0,0,0,0
     latency   : target=0, window=0, percentile=100.00%, depth=128

Run status group 0 (all jobs):
   READ: bw=4389KiB/s (4494kB/s), 4389KiB/s-4389KiB/s (4494kB/s-4494kB/s), io=429MiB (450MB), run=100136-100136msec

Disk stats (read/write):
  sdd: ios=0/4431, merge=0/12, ticks=0/1129907, in_queue=1129900, util=14.36%
```

图 3-28　设置后的测试结果

（3）测试结果分析

设置后的单卷读 IOPS 理论值计算公式如下。

iops = {rbd_qos_read_iops_burst_seconds * rbd_qos_read_iops_burst + (total_time_of_rand_read − rbd_qos_read_iops_burst_seconds) * rbd_qos_read_iops_limit} / total_time_of_rand_read

单卷随机读理论值：iops = (2 * 5000 + 98 * 1000)/100 = 1080

测试值：iops = 1097

结论：符合预期

3.1.7　未来展望

随着云计算的发展，Ceph 乘上了 OpenStack 的春风，进而成为开源社区最受关注的分布式块存储方案，其在块存储市场上的地位是不可撼动的，Ceph 社区块存储也在不断发展，主要有以下几个方面。

1. 容灾方案更加多元化

Ceph L 版开始稳定支持 Ceph RBD journal-based mirroring，但该特性会造成严重的性能问题，开启之后卷性能下降近 50%，该方案在性能要求比较苛刻的块存储场景内难以商用落地。Ceph O 版新引入了基于 snapshot 的异步远程复制，支持通过 fast-diff 定时将增量数据推送至远端集群，虽然牺牲了一点 RPO，但是也减少了对卷性能的影响，也算是一个折中的选择。另外，Ceph 社区还实现了延展集群容灾支持，算是追平与 VMware vSAN 等商业存储的容灾能力上的差距，后续还会支持跨 3 可用区 3 副本机制，为用户提供更完美的容灾效果。

2. 支持 Windows 块存储服务

Ceph 一直以来对 Linux 平台的支持比较完善，允许 Linux 应用通过 Linux RBD driver 使用 Ceph 作为块存储后端，后续又增加了 LIO iSCSI gateway，允许 VMware、Windows 等异构平台通过 iSCSI 协议对接 Ceph，但是 iSCSI 网关的引入也一定程度上拉长了 I/O 路径，且目前仅支持 ALUA 模式。另外，受限于 iSCSI 网关能力，Ceph 存储后端性能至今无法充分发挥。Ceph P 版新增了一个原生的 Windows RBD driver，允许用户在 Windows 主机、Hyper-V 虚机上跨平台直接通过该驱动访问 Ceph 存储后端，大大优化了 I/O 路径，Ceph 努力致力于为 Linux、VMware、Windows 三种平台提供块存储服务。

3. librbd 支持客户端加密

以往 Ceph 社区推荐使用 dm-crypt 进行存储端加密，这里所谓的 OSD 端加密，其实是对硬盘进行加密的。基本原理是通过 Linux 内核 dmcrypt 模块，进行数据的加密与解密，其缺点在于不够灵活，所有的数据在写入硬盘之前，会经过 dmcrypt 模块进行加密与解密，无法针对特定的卷单独开启或关闭加密功能。因此 Ceph P 版的 librbd 新增了卷级别的客户端加密，允许用户通过自定义密钥加密指定存储卷，目前支持通过 Linux LUKS 进行加密，已支持 AES-128、AES-256 两种加密算法，加密模式为 xts-plain64。

3.2 对象存储 RGW

3.2.1 对象存储和 S3

1. 什么是对象存储

对象存储，也称为基于对象的存储，是一种采用扁平化数据组织的新型存储方式。对象存储主要用于处理海量半结构化或者非结构化数据，常用于备份归档、静态网站托管、视频存储以及无纸化办公、网盘等场景。同时，根据具体应用场景和业务使用形态，对象存储可进一步细分为多种不同存储类别，如标准存储、低频存储、归档存储等。在数据组织形态上，文件数据通常会被分解为称为"对象"的离散单元，并保存在多个存储库中，而不是作为文件夹中的文件或服务器上的块来保存，这也是对象存储与传统文件存储、块存储的本质区别。同时，其使用方式也与文件存储、块存储有着较大差异，对象存储主要采用基于 HTTP(s) 的访问方式，只要网络可达，就可以便捷地使用对象存储服务，因此也通常将之称为云存储。

Ceph 本身采用分层架构设计，其中底层架构核心之一的 RADOS 本身就是一套分布式对象存储系统，主要通过开放 librados 库来提供对象接口访问底层 RADOS 集群，但由于它只提供私有访问接口，无法提供基于 HTTP(s) 通用协议的访问方式，因而使用上十分受限。Ceph 其实还是一个真正意义上的软件定义统一存储解决方案，可同时提供块存储、对象存储以及文件存储访问能力，其主要是在接入层通过调用 librados 接口实现了不同存储网关类型，如对象网关、块存储网关等。其中对象存储网关 RGW（RADOS GateWay）更是通过适配云存储领域中应用最为广泛的 Amazon S3 和 OpenStack Swift 接口协议，使得用户应用无须任何改造就可轻松接入 Ceph 提供的对象存储系统中。上述的 S3 接口协议和 Swift 接口协议也已成为新型对象存储接口的事实标准。

在 Ceph 分层架构中，RGW 属于接口层，位于 RADOS 集群之上。RGW 通过对 S3 和 Swift 接口语义的实现，可提供基于用户（User）、存储桶（Bucket）、对象（Object）以及统计（Statistics）等多种不同业务、运维类型的接口操作。目前 Ceph 的 RGW 服务并没有完全兼容 S3 或者 Swift 接口，但是其功能也在快速完善过程中，同时也引入了更多新的功能特性，进一步丰富了业务使用场景。比如通过 librgw 提供基于 POSIX 语义的使用方式来访问对象存储，同时还可结合对象存储生命周期功能和存储类别（Storage Class），实现数据的分层迁移动作。其他更多功能特性，读者有兴趣也可以查阅官方文档。

2. 对象存储的应用领域

随着云计算、大数据等新技术的快速兴起，各行各业开始快速拥抱这些新兴技术，以解决行业所面临的难题，实现业务转型。计算、存储、网络作为云数据中心 IaaS 层的三大件，一直拥有无可撼动的地位。物联网、地理信息系统、视频监控存储、工业互联网 4.0、医疗 PACS 影像、虚拟化应用等每天都在催生海量数据（含结构化、半结构化以及非结构化数据），其中大部分为非结构化数据。如何有效应对并解决 DT 时代 ZB 级非结构化数据的存储需求，传统集中式存储面临着诸多挑战，已经显得力不从心。具体体现在如下几个方面。

（1）海量数据带来应用复杂性增长，数据的存放、管理、利用成为难题。

（2）云计算、大数据等场景下，要求存储架构弹性扩展、敏捷响应。

（3）传统存储部署复杂、资源浪费，数据难以共享，已经无法满足新的需求。

伴随着用户需求的变化和存储技术的变革，软件定义存储能够提供给客户更好的性能，更高的灵活性和开放性，更强的扩展性，更简单的管理以及更少的用户投入。为应对这种海量非结构化数据的存储需求，采用扁平化数据存储组织方式的分布式对象存储技术成了一颗冉冉升起的新星。

3. RGW 数据组织结构

在对象存储系统中，包含 3 个基本概念，即用户（User）、存储桶（Bucket）和对象（Object）。为更好理解对象存储网关 RGW 的实现本质，下面就对这 3 个概念及其基本特征进行重点阐述。

（1）用户（User）

用户（User）指的是对象存储应用的使用者，可以是一个独立的个体，也可以是系统的一个角色（如一个应用）。只有创建了用户并赋予了相关权限之后，才允许访问存储集群对应的存储池和数据。用户管理在 Ceph 集群中属于管理功能，可以通过管理员直接创建、更新、删除用户或者对用户赋予对应的 caps 权限。同一个用户可以拥有一个或者多个存储桶，同时还可以为用户创建对应的子账户。

（2）存储桶（Bucket）

存储桶（Bucket）是 Ceph RGW 中存储对象的容器，是用户用来管理存储对象的逻辑存储空间。Ceph 对象存储服务提供了基于桶和对象的扁平化存储方式，桶中的所有对象都处于同一逻辑层级，去除了文件系统中的多层级树形目录结构。每个存储桶都有自己的访问权限、所属区域等属性，用户可以在不同区域创建不同存储类别和访问权限的桶，并配置更多高级属性来满足不同场景的存储诉求。

对象存储服务设置有多种桶存储类别，分别为标准存储、低频访问存储、归档存储类型，从而满足客户业务对存储性能、成本的不同诉求。创建桶时可以指定桶的存储类别，桶的存储类别也可以在创建之后进行修改。在 Ceph 中，同一个租户（tenant）命名空间下，桶名必须是全局唯一的且不能修改，即用户创建的桶不能与自己已创建的其他桶名称相同，也不能与其他用户创建的桶名称相同。桶所属的区域在创建后也不能修改。每个桶在创建时都会生成默认的桶 ACL（Access Control List），桶 ACL 的每项包含了对被授权用户授予什么样的权限，如读取权限、写入权限等。用户只有对桶有相应的权限，才可以对桶进行相应的操作，如创建、删除、显示、设置桶 ACL 等。一个默认账号可创建 1000 个桶。每个桶中存放的对象的数量和大小总和默认没有限制，用户不需要考虑数据的可扩展性。存储桶命名规则如下。

◆ 只能包含小写字母，数字和短横线（-）；

◆ 必须以小写字母或数字开头；

◆ 长度必须在 3 ~ 63 字节之间。

存储桶是用户管理对象的单位，所有对象都必须属于一个存储桶。存储桶具有一些属性来控制区域，如对象访问控制、对象生命周期等。这些属性适用于存储桶下的所有对象，因此用户可以灵活地创建不同的存储桶，以完成不同的管理功能。

（3）对象（Object）

对象（Object）是 Ceph 对象存储服务中数据存储的基本单位（区别于 RADOS 层的文件数据切片 Object 概念），一个对象实际是一个文件的数据及其相关属性信息（元数据）的集合体。用户上传至 Ceph 对象存储系统的数据都以对象的形式保存在存储桶（Bucket）中。一个对象一般包括键值（Key）、元数据（Metadata）、实体数据（Data）三部分。

Key：键值，即对象的名称。一个桶里的每个对象必须拥有唯一的对象键值。对象文件命名规则为经过 UTF-8 编码的长度大于 0 且不超过 1024 的字符序列，对象的名称对大小写敏感。

Metadata：对象元数据，即对象的描述信息，包括系统元数据和用户元数据。这些元数据以键值对（Key-Value）的形式被上传到 Ceph 中。

◆ 系统元数据由 Ceph 自动生成，在处理对象数据时使用，包括 Date、Content-length、Last-modify、Content-MD5 等；

◆ 用户元数据由用户在上传对象时指定，是用户自定义的对象描述信息。

Data：实体数据，即文件的数据内容。

通常情况下，人们将对象等同于文件来进行管理，但是由于 Ceph RGW 提供的是一种对象存储服务，并没有文件系统中的文件和文件夹概念。为了使用户更方便地进行数据管理，Ceph RGW 提供了一种方式来模拟文件夹层级。通过在对象的名称中增加"/"，例如采用"test/123.jpg"的命名方式，此时，"test"就被模拟成了一个文件夹，"123.jpg"则模拟成"test"文件夹下的文件名了，而实际上，对象名称（Key）仍然是"test/123.

jpg"。上传对象时，可以指定对象的存储类别，若不指定，默认与桶的存储类别一致。

3.2.2 RGW 架构

对象存储 S3 为 AWS 早在 2006 年推出的 IaaS 服务，如今对象存储已经成为整个互联网行业非结构化数据存储的底座。Ceph 中的 RGW 服务实现了对 AWS S3 接口的兼容，Ceph RGW 经过 10 余年的发展，如今已经成为对 AWS S3 特性兼容最全面的开源实现。任何对对象存储实现感兴趣的人都能从了解 Ceph RGW 中受益。

RGW 最初叫 s3gw，由 Yehuda Sadeh 主导设计，在 Ceph 代码 git 仓库中可以追溯到的最早涉及 s3gw 的提交时间为 2009 年。遵从社区所追求的通用设计理念，s3gw 更名为 RGW，后续也实现了对 OpenStack Swift 协议的兼容。

1. 实现架构

Ceph 本身采用分层的架构，RAODS 层中的 OSD 进程负责切片后对象数据和元数据的持久化存储，作为 RADOS 层客户端存在的 RGW 进程负责处理对象存储的业务逻辑。

本章节只分析 RGW 单个组件的架构，不再赘述 Ceph 存储系统的整体架构。

对象存储作为对外提供 HTTP(s) 协议接入的服务，其逻辑有明显的分层架构设计思路。按照 HTTP(s) 请求处理阶段，涉及的层有以下几个。

（1）负责解析和验证 HTTP(s) 请求的协议解析层。

（2）负责对解析后的对象存储业务请求进行处理的业务逻辑层。

（3）负责对对象存储数据和元数据进行持久化存取的数据持久化层。

接下来逐层看看细节。

2. 协议解析层

协议解析层本质上就是 HTTP 服务器的实现，RGW 提供了灵活的插件式 HTTP 服务器实现，具备以下特性。

◆ 最早实现的兼容 FCGI 协议的 FCGI HTTP 服务器前端。

◆ 基于 C++ HTTP 服务端库 civetweb 实现的服务器前端。

◆ 基于 C++ boost HTTP 标准库 beast 实现的服务器前端，也是默认配置使用的 HTTP 服务器。

协议解析层的主要工作内容就是解析对象存储的 HTTP 请求。对于请求认证需求，

RGW 提供了以插件化方式实现的 AWS S3 v2/v4 类型认证以及通过外部 Keystone/LDAP 组件进行认证两种方法。

在解析 HTTP 协议时，协议解析层会处理 Swift 和 S3 两种不同的对象存储"方言"，最终将 HTTP 请求统一抽象成对象存储的 Op(operation)。

3. 业务逻辑层

业务逻辑层负责对象存储 Op 的处理，RGW 为 Op 定义了统一的处理"工序"。

（1）init_processing：初始化；

（2）verify_op_mask：验证请求的读写掩码；

（3）verify_permission：验证请求的权限；

（4）verify_params：验证请求参数；

（5）pre_exec：执行请求的预处理；

（6）execute：处理请求；

（7）complete：执行请求完成后的后续处理。

对象存储的业务复杂性导致每个 Op 在处理中都涉及如配额检查、权限控制、权限策略检查等业务逻辑的处理，在 RGW 中定义了 Service 组件来提供对象存储语义的调用接口。

对于需要多个 Service 组合构造的更复杂的对象存储语义，RGW 提供了 Control 这样的构造。

我们通过一个具体的例子来理解 RGW 业务逻辑模块化而引入的强大抽象：Service 组件和 Control 组件。

对于创建 User 的 Bucket 来说，涉及 User 和 Bucket 两个概念，对于 User 的操作抽象成单独的 User Service，Bucket 的操作抽象成单独的 Bucket Service。两个 Service 不需要知道彼此的存在，因此抽象出 Control 来提供更高层级的 API，Control 组件内部再调用 Service 提供的服务接口。

每个 Service 都有一个关联的 backend type，目前支持 SOBJ、OTP 类型，不同类型的 backend type 意味着不同的数据持久化方式。当前 RGW 需要的数据和元数据存储都是基于 RADOS 实现持久化的，后续持久化数据还可以保存到类似 MySQL 这样的关系型数据库当中。

在没有引入 Service 之前，在 RGW 中开发需要操作对象或者桶的特定功能时，通常是直接操作用来保存特定功能信息的 RAODS 对象（用户数据切片后的对象，也就是所谓的 system-object，区别于用户可见的业务层面文件数据 rgw-object）。在引入 Service 之后，意味着通过为 Service 实现新的 backend type 存储类型，Ceph RGW 可以发展为和 Minio 一样的项目，即成为一个与 Ceph RADOS 无关的独立对象存储网关，社区目前正在推进的 RGW 持久化后端存储插件化的改造（也就是 zipper 计划），正是为推动 RGW 发展，实现这一目标而开展的。

4. 数据持久化层

前文多次提到了 RADOS，RADOS 提供的数据存储接口是对象形式的。从用户的角度来讲，直接用 librados 就能使用"对象存储"。其实 RGW 中的"对象"和 RADOS 中的"对象"是两个概念。

首先来看对象存储服务，也就是 AWS S3 标准中的对象，它在 RGW 中简称 rgw-object，它的特点如下。

◆ rgw-object 可以非常大，比如单个 rgw-object 文件大小可以高达 5TB。

◆ rgw-object 是不可变的，即一旦写入，不可修改。

◆ 对同一桶中的 rgw-object，Ceph 维护了有序的索引。

◆ rgw-object 在权限控制上支持丰富的语义，如存储桶策略、ACL 等。

◆ rgw-object 通过 HTTP 协议访问。

而 Ceph RADOS 层的对象，简称 Object，它的特点如下。

◆ 有限的大小，比如默认配置下，其大小通常为 4MB。

◆ Object 是可变的，即写入后，允许修改。

◆ RADOS 不单独为 Object 维护有序索引。

◆ 不支持 Object 级别的 ACL 控制。

◆ Object 通过 socket 协议访问。

对比之后会发现，RGW 提供的 rgw-object 要比 RADOS 提供的 Object 的语义更加丰富。

RADOS 提供了非常清晰的访问接口，对外暴露 Pool 和 Object，以及 Object 的 OMAP 和 xattr。建立在 RADOS 之上的应用都要确定一个所谓的数据布局的问题，对于 RGW 来说，就是如何将 rgw-object 映射到 RADOS 集群特定 Pool 的特定 Object。这部分关键的元数据被称为 manifest。

总结一下，RGW 在逻辑上需要持久化的数据分 3 类。

（1）Metadata，表示系统或者桶、对象的元数据，按照 Object OMAP 的形式保存。

（2）bucket index，保存存储桶中对象的列表，按照 Object OMAP 的形式保存。

（3）data，保存 rgw-object 的实际数据，按照 Object 数据的形式保存。

其中 Metadata 以单独的存储池进行存储，按照功能类别，Metadata 一部分是业务逻辑层中的 Service 组件和 Control 组件使用，另一部分则是保存系统运行需要的各类日志信息。这些存储池的名字空间如下。

◆ **业务逻辑类**：

.rgw.meta:root、.rgw.meta:heap、.rgw.meta:users.keys、.rgw.meta:users.email、.rgw.meta:users.swift、.rgw.meta:users.uid、.rgw.meta:roles。

◆ **日志信息类**：

.rgw.log:gc、.rgw.log:lc、.rgw.log:bl、.rgw.log、.rgw.log:intent、.rgw.log:usage。

3.2.3　I/O 路径

RGW 是 RADOS Gateway，顾名思义是 RADOS 对象存储系统上层的一个网关服务，根据网关的功能定义，网关负责完成不同协议的转换和对接。在 Ceph 场景中，RGW 即完成类似的功能：接收用户 S3/Swift 接口规则的数据存取请求，然后将其转化为后端 RADOS 能够处理的操作。

RGW 的请求处理经历了 3 个阶段：

（1）Web 框架主要负责接收用户请求，RGW 中常用的 Web 框架包括 CivetWeb、Apache、Beast 等；

（2）根据用户请求类型，分别选择不同的 RESTMgr(针对不同的 Resource)、Handler、RGWOp 来处理用户的具体业务，梳理出用户的请求数据；

（3）将用户的业务请求转换为对 RADOS 层数据读写请求的封装，具体操作由 RGWRados 完成。

RGW 的业务架构示意如图 3-29 所示。请求到达 RGW 网关后，在 RGW Frontend 层做相应转发，请求到达 RGWRESTMgr 层，RGWRESTMgr 依照请求资源类型，对请求做相应的 RGWHandler 层的资源实例化工作。

在 RGWHandler 层中实例化后的请求，首先进行前置处理，完成基本信息的校验等工作，在校验完成后，调用相关的业务接口 RGWOp 完成 Bucket 和 Object 的请求处理，并在 RGWOp 中，调用终极接口 RGWRados，完成 RGW 数据的最终落盘（RGWRados

是 RGW 网关模块和后端的 RADOS 底层存储系统交互的窗口）。RGW 请求处理流程见图 3-30。

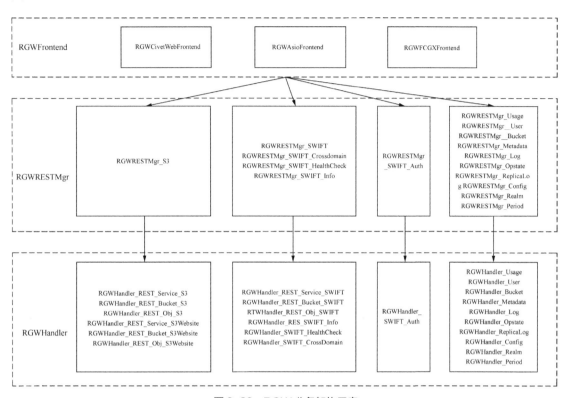

图 3-29 RGW 业务架构示意

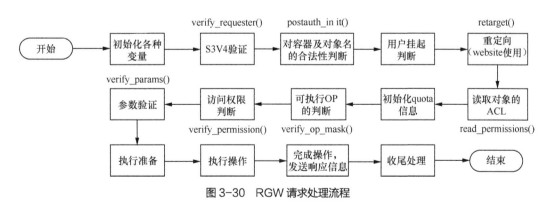

图 3-30 RGW 请求处理流程

对应上述业务处理过程，RGW 中会有 3 个重要的数据结构：RGWFrontend、RGWRESTMgr 及 RGWHandler。

◆ RGWFrontend：RGWFrontend 是 RGW 的 WEB 前端类的封装，用于处理 HTTP(s) 相关的请求，完成 RGW 业务逻辑中的 WEB 框架接收用户请求的功能。目前最新的 WEB 框架是 Beast。

◆ RGWRESTMgr：RGWRESTMgr 负责 RGW 处理的资源类型区分，RGWRESTMgr 包含了多种不同类型的路径和资源，并可根据请求资源类型的不同，将请求"路由"到不同的业务逻辑来进行处理（请求的实例化工作）。

◆ RGWHandler：RGWHandler 负责具体的用户请求处理，如客户使用 S3 规范进行业务请求，该层中会调用 S3 相关的 RGWHandler，后续操作如下。

（1）RGWHandler_REST_Service_S3

负责处理 S3 用户类型请求，包括获取用户的统计信息、用户的桶列表、S3 账户访问权限设置等。

（2）RGWHandler_REST_Bucket_S3

负责处理 S3 桶类型请求，包括桶的 ACL 权限列表、生命周期规则以及具体的创建 / 删除桶等操作。

（3）RGWHandler_REST_Obj_S3

负责处理 S3 Object 类型请求，包括 Object 的 ACL 权限列表、Tagging 及具体的 Object 数据操作（简单上传、分块上传、删除）等。

3.2.4 元数据 / 数据布局

前面提到过，Ceph RGW 将数据组织分为 3 种类型：Metadata、bucket index 及 data。Metadata 是对象的元数据，包含 user、bucket、bucket.instance、OTP 等信息；bucket index 是对象的索引，严格意义上，也可以将其归类到元数据范畴内；data 是对象的数据，每个 RGW 对象（rgw-object）都会保存在一个或多个 RADOS 对象（system-object）里。

Ceph RADOS 层中的对象（system-object），通常以下列 3 种形式进行组织。

◆ RADOS 对象 Data；

◆ RADOS 对象扩展属性 xattr；

◆ RADOS 对象 OMAP。

1. RGW Metadata

Ceph RGW 的元数据包含以下信息。

◆ user：用来保存用户信息。

◆ bucket：用来维护 bucket name 和 bucket instance ID 的映射。

◆ bucket.instance：用来保存 bucket instance 信息。

◆ OPT（One-time Password mechanism）：Ceph N 版新增特性，可以根据虚拟或硬件 MFA（Multi-factor Authentication）设备，基于 OTP 算法生成一个密码。

可以使用如下命令查看当前 RGW 元数据的类别。

```
# ./bin/radosgw-admin metadata list
[
    "bucket"
    "bucket.instance"
    "otp"
    "user"
]
```

（1）User 元数据

通过以下命令查看某个用户的元数据。

```
# ./bin/radosgw-admin metadata get user:john
{
    "key": "user:john"
    "ver": {
        "tag": "_l1Bbi640q1-AJVYHHiY_mJk"
        "ver": 1
    }
    "mtime": "2020-08-30T08:14:09.884832Z"
    "data": {
        "user_id": "john"
        "display_name" : "john"
        "email": ""
        "suspended": 0
        "max_buckets": 1000
        "subusers": []
        "keys": [
            {
                "user": "john"
                "access_key": "john"
                "secret_key": "john"
            }
```

```
        ]
        "swift_keys": []
        "caps": []
        "op_mask": "read write delete"
        "default_placement": ""
        "default_storage_class": ""
        "placement_tags": []
        "bucket_quota": {
            "enabled": false
            "check_on_raw": false
            "max_size": -1
            "max_size_kb": 0
            "max_objects": -1
        }
        "user_quota": {
            "enabled": false
            "check_on_raw": false
            "max_size": -1
            "max_size_kb": 0
            "max_objects": -1
        }
        "temp_url_keys": []
        "type": "rgw"
        "mfa_ids": []
        "attrs": []
    }
}
```

这些 user 信息存储在存储池 {zone}.rgw.meta 的 users:{field} 命名空间里，field 字段当前有 keys、swift、email、uid，分别对应用户的 S3 密钥对、Swift 密钥对、邮箱、用户 ID 等信息。

例如，users.uid 命名空间里，包含了用户 john 对应的两个 RADOS 对象 {uid} 和 {uid}.bucket（如 john 和 john.bucket），john 对象里存储着用户基本信息数据，john.buckets 则以 OMAP 形式保存着用户的存储桶信息。通过 RADOS 命令可以查看。

```
# ./bin/rados ls -p default.rgw.meta --namespace=users.uid | grep john
john.buckets
john
```

{user_id}.buckets 以 OMAP 形式保存。OMAP Key 为用户拥有的存储桶名，当用户需要列出自己的桶列表时，就对 OMAP Key 遍历来获取。OMAP Value 为桶的基本信息，如桶名、桶 ID、桶内对象大小、对象数量、桶创建时间等。

可以通过以下命令查看。

```
#### 使用 RADOS 命令查看用户 john 拥有的存储桶
# ./bin/rados listomapkeys -p default.rgw.meta --namespace=users.uid john.buckets
john-bkt1

#### 获得 OMAP Value，然后解析出内容
# ./bin/rados getomapval -p default.rgw.meta --namespace=users.uid john.
buckets john-bkt1 john-bkt1.txt
Writing to john-bkt1.txt

# ./bin/ceph-dencoder import john-bkt1.txt type cls_user_bucket_entry decode
dump_json
{
    "bucket": {
        "name": "john-bkt1"
        "marker": "54dba15f-9c2e-40ea-8b87-fc5f2eb01236.154118.1"
        "bucket_id": "54dba15f-9c2e-40ea-8b87-fc5f2eb01236.154118.1"
    }
    "size": 6775
    "size_rounded": 8192
    "creation_time": "2020-08-30T08:21:57.057841Z"
    "count": 1
    "user_stats_sync": "true"
}
```

（2）Bucket/Bucket Instance 元数据

使用以下命令获得 bucket 的元数据信息。

```
# ./bin/radosgw-admin metadata get bucket:john-bkt1
{
    "key": "bucket:john-bkt1"
    "ver": {
        "tag": "_d4u-u5S_CzORuXmXK-O280O"
        "ver": 1
    }
    "mtime": "2020-08-30T08:21:56.996327Z"
    "data": {
        "bucket": {
            "name": "john-bkt1"
            "marker": "54dba15f-9c2e-40ea-8b87-fc5f2eb01236.154118.1"
```

```
        "bucket_id": "54dba15f-9c2e-40ea-8b87-fc5f2eb01236.154118.1"
        "tenant": ""
        "explicit_placement": {
            "data_pool": ""
            "data_extra_pool": ""
            "index_pool": ""
        }
    }
    "owner": "john"
    "creation_time": "2020-08-30T08:21:56.873461Z"
    "linked": "true"
    "has_bucket_info": "false"
  }
}
```

使用以下命令获得 bucket instance 元数据信息。

```
# ./bin/radosgw-admin metadata get bucket.instance:john-bkt1:54dba15f-9c2e-
40ea-8b87-fc5f2eb01236.154118.1
{
    "key": "bucket.instance:john-bkt1:54dba15f-9c2e-40ea-8b87-fc5f2eb01236.154118.1"
    "ver": {
        "tag": "_xo05nh_v_OZBNq8zkM20Yuz"
        "ver": 1
    }
    "mtime": "2020-08-30T08:21:56.981329Z"
    "data": {
        "bucket_info": {
            "bucket": {
                "name": "john-bkt1"
                "marker": "54dba15f-9c2e-40ea-8b87-fc5f2eb01236.154118.1"
                "bucket_id": "54dba15f-9c2e-40ea-8b87-fc5f2eb01236.154118.1"
                "tenant": ""
                "explicit_placement": {
                    "data_pool": ""
                    "data_extra_pool": ""
                    "index_pool": ""
                }
            }
            "creation_time": "2020-08-30T08:21:56.873461Z"
            "owner": "john"
            "flags": 0
            "zonegroup": "fddc0981-34db-49f1-b6c7-aea8d36dda1c"
```

```
        "placement_rule": "default-placement"
        "has_instance_obj": "false"
        "quota": {
            "enabled": false
            "check_on_raw": false
            "max_size": -1
            "max_size_kb": 0
            "max_objects": -1
        }
        "num_shards": 11
        "bi_shard_hash_type": 0
        "requester_pays": "false"
        "has_website": "false"
        "swift_versioning": "false"
        "swift_ver_location": ""
        "index_type": 0
        "mdsearch_config": []
        "reshard_status": 0
        "new_bucket_instance_id": ""
    }
    "attrs": [
        {
            "key": "user.rgw.acl"
            "val": "AgJ7AAAAAwIQAAAABAAAAGpvaG4EAAAAam9obgQDXwAAAAEBAAAABAA
AAGpvaG4PAAAAAQAAAQAAABqb2huBQM0AAAAAgIEAAAAAAAAAAQAAABqb2huAAAAAAAAAACAgQA
AAAPAAAABAAAAGpvaG4AAAAAAAAAAAAAAAAAAA"
        }
    ]
    }
}
```

bucket/bucket instance 元数据信息都存储在存储池 {zone}.rgw.meta 的 root 命名空间里。

```
# ./bin/rados ls -p default.rgw.meta --namespace=root | grep john
john-bkt1
.bucket.meta.john-bkt1:54dba15f-9c2e-40ea-8b87-fc5f2eb01236.154118.1
```

其中,{bucket} 对象作为数据存储,记录了 bucket instance 和它的 owner 的信息。

.bucket.meta.{tenant}.{bucket}:{marker} 对象存储了存储桶元数据信息,其 xattr 里记录了访问该桶的授权信息。

```
#### 解析 bucket meta 信息
# ./bin/rados get -p default.rgw.meta --namespace=root .bucket.meta.john-
bkt1:54dba15f-9c2e-40ea-8b87-fc5f2eb01236.154118.1 john-bkt1.instance.txt
# ./bin/ceph-dencoder import john-bkt1.instance.txt type RGWBucketInfo decode
dump_json
{
    "bucket": {
        "name": "john-bkt1"
        "marker": "54dba15f-9c2e-40ea-8b87-fc5f2eb01236.154118.1"
        "bucket_id": "54dba15f-9c2e-40ea-8b87-fc5f2eb01236.154118.1"
        "tenant": ""
        "explicit_placement": {
            "data_pool": ""
            "data_extra_pool": ""
            "index_pool": ""
        }
    }
    "creation_time": "2020-08-30T08:21:56.873461Z"
    "owner": "john"
    "flags": 0
    "zonegroup": "fddc0981-34db-49f1-b6c7-aea8d36dda1c"
    "placement_rule": "default-placement"
    "has_instance_obj": "false"
    "quota": {
        "enabled": false
        "check_on_raw": false
        "max_size": -1
        "max_size_kb": 0
        "max_objects": -1
    }
    "num_shards": 11
    "bi_shard_hash_type": 0
    "requester_pays": "false"
    "has_website": "false"
    "swift_versioning": "false"
    "swift_ver_location": ""
    "index_type": 0
    "mdsearch_config": []
    "reshard_status": 0
    "new_bucket_instance_id": ""
}

#### 解析 bucket ACL 信息
# ./bin/rados listxattr -p default.rgw.meta --namespace=root .bucket.meta.
```

```
john-bkt1:54dba15f-9c2e-40ea-8b87-fc5f2eb01236.154118.1
ceph.objclass.version
user.rgw.acl

# ./bin/rados getxattr -p default.rgw.meta --namespace=root .bucket.meta.
john-bkt1:54dba15f-9c2e-40ea-8b87-fc5f2eb01236.154118.1 user.rgw.acl > john-
bkt1.acl.txt

# ./bin/ceph-dencoder import john-bkt1.acl.txt type RGWAccessControlPolicy decode
dump_json
{
    "acl": {
        "acl_user_map": [          # 用户 ACL 信息
            {
                "user": "john"
                "acl": 15
            }
        ]
        "acl_group_map": []        # 预定义组的授权信息
        "grant_map": [             # 授权用户 ACL 信息
            {
                "id": "john"
                "grant": {
                    "type": {
                        "type": 0
                    }
                    "id": "john"
                    "email": ""
                    "permission": {
                        "flags": 15
                    }
                    "name": "john"
                    "group": 0
                    "url_spec": ""
                }
            }
        ]
    }
    "owner": {
        "id": "john"
        "display_name": "john"
    }
}
```

（3）Bucket Index 元数据

使用以下命令获得 bucket 对应的 bucket index 信息。

```
# ./bin/radosgw-admin bi list --bucket john-bkt1
[
    {
        "type": "plain"
        "idx": "ceph.conf"
        "entry": {
            "name": "ceph.conf"
            "instance": ""
            "ver": {
                "pool": 7
                "epoch": 481480
            }
            "locator": ""
            "exists": "true"
            "meta": {
                "category": 1
                "size": 6775
                "mtime": "2020-08-30T08:22:04.626979Z"
                "etag": "155e629efda9bd340ebf8494fed41ba4"
                "storage_class": "STANDARD"
                "owner": "john"
                "owner_display_name": "john"
                "content_type": "text/plain"
                "accounted_size": 6775
                "user_data": ""
                "appendable": "false"
            }
            "tag": "54dba15f-9c2e-40ea-8b87-fc5f2eb01236.154109.3286743"
            "flags": 0
            "pending_map": []
            "versioned_epoch": 0
        }
    }
]
```

bucket index 信息存储在存储池 {zone}.rgw.buckets.index 里，命名格式为：.dir.{bucket_id}.{shard_id}。

通过如下命令查看存储桶索引。

```
# ./bin/rados -p default.rgw.buckets.index ls | grep 54dba15f-9c2e-40ea-8b87-
fc5f2eb01236.154118.1
.dir.54dba15f-9c2e-40ea-8b87-fc5f2eb01236.154118.1.6
.dir.54dba15f-9c2e-40ea-8b87-fc5f2eb01236.154118.1.1
.dir.54dba15f-9c2e-40ea-8b87-fc5f2eb01236.154118.1.4
.dir.54dba15f-9c2e-40ea-8b87-fc5f2eb01236.154118.1.2
.dir.54dba15f-9c2e-40ea-8b87-fc5f2eb01236.154118.1.5
.dir.54dba15f-9c2e-40ea-8b87-fc5f2eb01236.154118.1.7
.dir.54dba15f-9c2e-40ea-8b87-fc5f2eb01236.154118.1.10
.dir.54dba15f-9c2e-40ea-8b87-fc5f2eb01236.154118.1.0
.dir.54dba15f-9c2e-40ea-8b87-fc5f2eb01236.154118.1.8
.dir.54dba15f-9c2e-40ea-8b87-fc5f2eb01236.154118.1.9
.dir.54dba15f-9c2e-40ea-8b87-fc5f2eb01236.154118.1.3
```

Bucket index 维护着 bucket 和 bucket 里对象的映射信息，这个映射信息存储在 RADOS 对象的 OMAP 里。如果存储桶开启了分片功能，这些映射关系会被切分，保存在多个 RADOS 对象的 OMAP 里。

OMAP Key 为 RGW 对象名，当列出桶内对象时，实际上就是遍历这些存储桶索引的 OMAP 的所有 Key。

```
# ./bin/rados listomapkeys -p default.rgw.buckets.index .dir.54dba15f-9c2e-
40ea-8b87-fc5f2eb01236.154118.1.7
ceph.conf
```

OMAP Value 为对象的一些基本元数据信息。

```
# ./bin/rados getomapval -p default.rgw.buckets.index .dir.54dba15f-9c2e-
40ea-8b87-fc5f2eb01236.154118.1.7 ceph.conf ceph.conf.txt
Writing to ceph.conf.txt
# ./bin/ceph-dencoder import ceph.conf.txt type rgw_bucket_dir_entry decode
dump_json
{
    "name": "ceph.conf"
    "instance": ""
    "ver": {
        "pool": 7
        "epoch": 481480
    }
```

```
        "locator": ""
        "exists": "true"
        "meta": {
            "category": 1
            "size": 6775
            "mtime": "2020-08-30T08:22:04.626979Z"
            "etag": "155e629efda9bd340ebf8494fed41ba4"
            "storage_class": "STANDARD"
            "owner": "john"
            "owner_display_name": "john"
            "content_type": "text/plain"
            "accounted_size": 6775
            "user_data": ""
            "appendable": "false"
        }
        "tag": "54dba15f-9c2e-40ea-8b87-fc5f2eb01236.154109.3286743"
        "flags": 0
        "pending_map": []
        "versioned_epoch": 0
}
```

每个 OMAP 都有 header 信息，里面包含了存储桶统计、对象数量、总大小等信息。

获得某个 bucket index 对象对应的 header 信息，里面包含了这个 index 对象的 OMAP header 对应的统计信息和分片信息。

```
# ./bin/rados getomapheader -p default.rgw.buckets.index .dir.54dba15f-9c2e-
40ea-8b87-fc5f2eb01236.154118.1.7 index-header.txt
Writing to index-header.txt
# ./bin/ceph-dencoder import index-header.txt type rgw_bucket_dir_header decode
dump_json
{
    "ver": 2
    "master_ver": 0
    "stats": [
        1
        {
            "total_size": 6775
            "total_size_rounded": 8192
            "num_entries": 1
            "actual_size": 6775
        }
    ]
    "new_instance": {
```

```
        "reshard_status": "not-resharding"
        "new_bucket_instance_id": ""
        "num_shards": -1
    }
}
```

（4）OTP 元数据

Ceph M 版本支持 MFA。MFA（Multi-Factor Authentication）即多重要素认证，是 AWS S3 提供的一个提高数据安全性的功能。它能够在用户名称和密码之外再额外增加一层保护，当用户启用 MFA 功能后，在进行操作时，除了要提供用户名和密码外，还需要提供来自 MFA 设备的身份验证代码。

当前在 AWS S3 中，MFA 主要应用于对启用版本控制功能的存储桶的数据删除场景。当前 Ceph 支持基于时间的一次性密码算法（TOTP）。

为用户配置了 MFA 后，OTP 元数据通过以下命令查看。

```
# ./bin/radosgw-admin metadata list otp
[
    "user:john"
]
```

相关元数据会存储在 {zone}.rgw.otp 池里。

```
# ./bin/rados ls -p default.rgw.otp
user:john

# ./bin/rados listomapkeys -p default.rgw.otp user:john
header
otp/1577324965
```

OMAP Key 的 header 对应用户的 MFA ID，otp/{totp-serial} 对应用户相应的 MFA 的配置。

2. RGW Data

RGW 对象数据存储在 {zone}.rgw.buckets.data 池里，一个 RGW 对象包含一个或多个 RADOS 对象。

当 RGW 收到写请求时，会基于 rgw_obj_stripe_size 配置的值（默认为 4MB）将数据切分为 stripe，并基于 rgw_max_chunk_size 配置（默认为 4MB）将这些 stripes 划分为更小的 chunks，并将这些 chunks 写入 RADOS 集群。

第一个 chunk 写入时会创建 Head 对象，随后的 chunks 作为 tail 追加到对象后面写入。其中 Head 对象包含了对象的一些元数据信息，如 ACL、manifest、etag 等，作为 xattr 保存。Head 对象本身可以包含 4MB 的数据。如果对象大于 4MB，就会生成 tail 对象。

Head 对象的 manifest 描述了对象的布局信息。

查看对象的 xattr 和 manifest，可使用如下命令。

```
# ./bin/rados listxattr -p default.rgw.buckets.data 54dba15f-9c2e-40ea-8b87-
fc5f2eb01236.154118.1_ceph.conf
user.rgw.acl
user.rgw.content_type
user.rgw.etag
user.rgw.idtag
user.rgw.manifest
user.rgw.pg_ver
user.rgw.source_zone
user.rgw.storage_class
user.rgw.tail_tag
user.rgw.x-amz-content-sha256
user.rgw.x-amz-date
user.rgw.x-amz-meta-s3cmd-attrs

# ./bin/ceph-dencoder import manifest.txt type RGWObjManifest decode dump_json
{
    "objs": []
    "obj_size": 6775
    "explicit_objs": "false"
    "head_size": 6775
    "max_head_size": 4194304
    "prefix": ".dhrTwsaLcBPQOYPeIx2bImXjxO_WCKk_"
    "rules": [
        {
            "key": 0
        "val": {
            "start_part_num": 0
            "start_ofs": 4194304
            "part_size": 0
            "stripe_max_size": 4194304
```

```
                "override_prefix": ""
            }
        }
    ]
    "tail_instance": ""
    "tail_placement": {
        "bucket": {
            "name": "john-bkt1"
            "marker": "54dba15f-9c2e-40ea-8b87-fc5f2eb01236.154118.1"
            "bucket_id": "54dba15f-9c2e-40ea-8b87-fc5f2eb01236.154118.1"
            "tenant": ""
            "explicit_placement": {
                "data_pool": ""
                "data_extra_pool": ""
                "index_pool": ""
            }
        }
        "placement_rule": "default-placement"
    }
    "begin_iter": {
        "part_ofs": 0
        "stripe_ofs": 0
        "ofs": 0
        "stripe_size": 6775
        "cur_part_id": 0
        "cur_stripe": 0
        "cur_override_prefix": ""
        "location": {
            "placement_rule": "default-placement"
            "obj": {
                "bucket": {
                    "name": "john-bkt1"
                    "marker": "54dba15f-9c2e-40ea-8b87-fc5f2eb01236.154118.1"
                    "bucket_id": "54dba15f-9c2e-40ea-8b87-fc5f2eb01236.154118.1"
                    "tenant": ""
                    "explicit_placement": {
                        "data_pool": ""
                        "data_extra_pool": ""
                        "index_pool": ""
                    }
                }
                "key": {
                    "name": "ceph.conf"
```

```
                    "instance": ""
                    "ns": ""
                }
            }
            "raw_obj": {
                "pool": ""
                "oid" : ""
                "loc": ""
            }
            "is_raw": false
        }
    }
    "end_iter": {
        "part_ofs": 4194304
        "stripe_ofs": 0
        "ofs": 6775
        "stripe_size": 6775
        "cur_part_id": 0
        "cur_stripe": 0
        "cur_override_prefix": ""
        "location": {
            "placement_rule": "default-placement"
            "obj": {
                "bucket": {
                    "name": "john-bkt1"
                    "marker": "54dba15f-9c2e-40ea-8b87-fc5f2eb01236.154118.1"
                    "bucket_id": "54dba15f-9c2e-40ea-8b87-fc5f2eb01236.154118.1"
                    "tenant": ""
                    "explicit_placement": {
                        "data_pool": ""
                        "data_extra_pool": ""
                        "index_pool": ""
                    }
                }
                "key": {
                    "name": "ceph.conf"
                    "instance": ""
                    "ns": ""
                }
            }
            "raw_obj": {
                "pool": ""
                "oid": ""
                "loc": ""
```

```
        }
        "is_raw": false
    }
  }
}
```

RGW 中的对象对应 RADOS 对象（一对多关系），对象上传分整体上传和分段上传，不同的上传方式，对应 RADOS 对象的方式不同。

首先介绍 3 个概念。

◆ rgw_max_chunk_size

RGW 下发至 RADOS 集群的单个 I/O 的大小，同时也决定了应用对象分成多个 RADOS 对象时首对象的大小。

◆ rgw_obj_stripe_size

条带大小，也是 RADOS 对象最大大小，如果大于 rgw_max_chunk_size 的对象文件，后续部分会根据这个参数切成多个 RADOS 对象。

◆ rgw object manifest

管理应用对象和 RADOS 对象的对应关系。

基于以上概念，我们分别介绍普通上传以及分块上传。

普通上传的流程如下。

（1）当对象大小小于等于 rgw_max_chunk_size 时，用户上传的一个对象只对应一个 RADOS 对象，该 RADOS 对象以对象名称命名，对象元数据也保存在该 RADOS 对象的扩展属性中。

（2）当对象大小大于 rgw_max_chunk_size 时，对象被划分为一个大小等于分块大小的 head 以及多个大小等于 rgw_obj_stripe_size 的中间对象，和一个大小小于或等于 rgw_obj_stripe_size 的 tail 对象。head 以对象名称命名，该对象的数据部分保存了对象前 rgw_max_chunk_size 字节的数据，扩展属性部分保存了对象的元数据信息和 manifest 信息。中间对象和 tail 对象保存对象剩余的数据，对象名称为："shadow_' + '.' + '32bit 随机字符串 ' + '_' + ' 条带编号 '，其中条带编号从 1 开始。

分块上传的流程如下。

（1）RGW 根据条带大小 rgw_obj_stripe_size 将对象的每一个分块分成多个 RADOS 对象，每个分块的第一个 RADOS 对象名称为：'_multipart_' + ' 用户上传对象名称 ' + ' 分块上传 ID' + '分段编号', 其余对象的名称为: '_shadow_' + '用户上传对象名称' + '分块上传 ID' + '分段编号' + '_' + '条带编号'。

（2）当所有的分块上传结束后，RGW 会从 data_extra_pool 中的分块上传的临时对象中读取各个分段信息，将各分段的 manifest 信息组成一个 manifest；然后生成一个新的 RADOS 对象，即 head 对象，用来保存分块上传的对象的元数据信息和 manifest 信息。

3.2.5　元数据 / 数据同步

Ceph RGW 的多数据中心（Multisite）机制用于实现多个 Ceph 对象存储集群之间的元数据、数据同步。

1. 元数据同步

（1）多数据中心简介

Ceph 的多数据中心有如下几个概念：Realm、Zone Group、Zone，如图 3-31 所示。

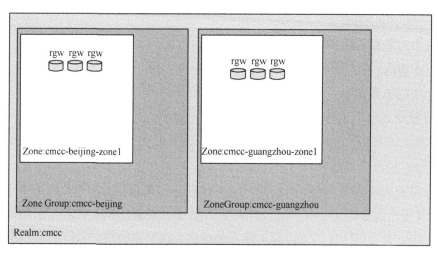

图 3-31　多数据中心示意

每个 Realm 都为一个独立的命名空间，桶名在所在命名空间内是唯一的，即一旦在某个 Realm 下创建了桶 A，则 A 这个名字就被使用了，在该 Realm 下其他人就无法创建出名字为 A 的桶。

一个 Realm 下可以有多个 Zone Group。顾名思义，每个 Zone Group 可以对应多个 Zonc，即 Zone Group 是一组 Zone 的集合，Zone 之间同步数据和元数据。

通常一个 Zone 为多台服务器组成的一个 Ceph 集群，由一组 RGW 对外提供服务，一个集群上部署多个 RGW 网关，以对请求进行负载均衡。

在一个 Realm 下的多个 Zone Group 中，必须有一个 Master Zone Group，Master Zone Group 中必须有一个 Master Zone，在 Master Zone Group 下的 Master Zone 中执行用户的创建、删除、修改操作会记录一些日志信息（MDlog），这些日志信息被克隆到其他 Zone Group 下的 Zone 中，其他 Zone 中的 RGW 网关依照日志信息从 Master Zone Group 下的 Master Zone 中已配置的 endpoints 拉取元数据信息并执行相应操作。

在 Ceph 的配置中有以下几个参数与多数据中心机制相关，分别为 rgw_realm、rgw_zonegroup、rgw_zone。一旦设置好这 3 个参数并启动 RGW 网关，RGW 就会默认到 .rgw.root 下寻找相应的 Realm、Zone Group、Zone 信息，如果无法找到则启动失败。用户也可以通过修改参数 rgw_realm_root_pool、rgw_zonegroup_root_pool、rgw_zone_root_pool 的配置值，来告诉 RGW 网关到指定的存储池下读取 Realm、Zone Group、Zone 等信息。

默认情况下，一个 Realm 下的不同 Zone Group 之间只会进行元数据同步，元数据包括用户信息、bucket、bucket.instance 信息。RGW 实例在启动时，会启动 RGWMetaSync-ProcessorThread 线程进行多数据中心元数据的同步服务。

一个新的 Zone Group 加入已存在的 Realm 时，会执行全量同步，完成全量同步后就会进入增量同步阶段。在此阶段，新加入的 Zone Group 下的 Zone 内的 RGW 网关每隔 20s（通过 INCREMENTAL_INTERVAL 参数配置）到 Master Zone Group 中拉取日志信息 MDlog。

在增量同步阶段，每隔 20s 执行如下动作。

1）查询请求带上 marker 参数发送到 Master Zone Group，查询是否有新增的 MDlog，如果有，则拉取新增的 MDlog 到本地集群；

2）读取保存在本集群的新增的 MDlog 并处理，按照 MDlog 记录信息发送读取元数据请求到 Master Zone Group；

3）保存从 Master Zone Group 读取到的元数据信息到本地集群；

4）更新 marker 参数。

（2）MDLog 简介

Mdlog 为 Master Zone Group 上的 RGW 网关记录，日志信息记录在 Log 池下的 meta.log.PERIOD.SHARD_ID 对象的 OMAP 上，shard_id 默认为 0 ~ 31。

以下命令可查询第 0 个 shard 上的 omapkey，key 为 1_ 开头，后面带记录 Log 的时间戳。

```
#rados -p zgp2-z1.rgw.log listomapkeys meta.log.315d0473-9ff8-4828-83fd-96fdc
36ed618.01_1598684563.695864_0.1
```

也可以使用 radosgw-admin 命令查看 MDlog 日志信息的状态，状态信息中有 marker 和 last_update 的时间信息，marker 记录上次同步的位置，last_update 记录上次同步的时间。

```
#radosgw-admin mdlog status
[
    {
        "marker": "1_1598768113.971442_11.1"
        "last_update": "2020-08-30 06:15:13.971442Z"
    }
]
```

status 信息保存在 Log 池下的 RADOS 对象中，可通过如下命令进行查询。

```
#rados -p zgp2-z1.rgw.log ls
mdlog.sync-status.shard.0
mdlog.sync-status
```

当主数据中心没有元数据更新记录到 MDlog 时，以下是从主数据中心拉取 MDlog 请求时没有新 MDlog 返回的请求和响应。

```
GET /admin/log?type=metadata&id=0&period=315d0473-9ff8-4828-83fd-
96fdc36ed618&max-entries=100&marker=当前的marker&rgwx-zonegroup=7085627f-27f8-
4779-9552-ebdd13c265e2 HTTP/1.1

HTTP/1.1 200 OK
Content-Length: 44

{
  "marker": ""
  "entries": []
  "truncated": false
}
```

当主数据中心有元数据更新记录到 MDlog 时，以下是从主数据中心拉取 MDlog 请求时有新 MDlog 返回的请求和响应。

```
GET /admin/log?type=metadata&id=0&period=315d0473-9ff8-4828-83fd-
96fdc36ed618&max-entries=100&marker= 当前的 marker&rgwx-zonegroup=7085627f-27f8-
4779-9552-ebdd13c265e2 HTTP/1.1

 HTTP/1.1 200 OK
Content-Length: 598

{
  "marker": "1_1598774754.303770_13.1"
  "entries": [
    {
      "timestamp": "2020-08-30 08:05:54.234410256Z"
      "section": "user"
      "data": {
        "status": {
          "status": "write"
...
}
```

如果从主数据中心拉取 MDlog 请求时有新的 MDlog 返回，发起拉取请求的 RGW 则进入 MDlog 的处理流程，即发送新的获取元数据请求到 Master Zone Group 去拉取新的信息覆盖本地旧的元数据信息。如下为在 Master Zone Group 中创建一个用户后，非 Master Zone Group 向 Master Zone Group 的网关发起的拉取用户信息的请求。

```
GET /admin/metadata/user/user001?key=user001&rgwx-zonegroup=abc HTTP/1.1

HTTP/1.1 200 OK
Content-Length: 713

{
  "data": {
...
    "default_storage_class": ""
    "keys": [
      {
        "access_key": ""
        "secret_key": ""
        "user": "user001"
      }
    ]
...
}
```

拉取到新的用户信息写入本地集群后，更新 marker 参数，这样在下一个 20s 时带上该 Marker 参数，就会只返回本 Zone 没有的 MDlog，对处理过的 MDlog 就不会返回，从而实现了元数据的增量更新。

RGW 进程只有同时满足如下条件，才会进行 MDlog 的记录。

◆ rgw_zonegroup 为 Master Zone Group。

◆ 当前的 Zone Group 内的 Zone 个数多于 1 个或者当前 Realm 下的 Zone Group 多于 1 个。

（3）示例：非主数据中心创建桶

用户信息在 Master Zone Group 中创建后通过 MDlog 的方式同步到其他 Zone Group 下所有的 Zone 中，例如非 Master Zone Group 下的某个 RGW 网关接收到创建桶的请求，该 RGW 网关会将请求转发到 Master Zone Group 的网关处理。

```
void RGWCreateBucket::execute()
{
  ...
  if (!store->svc.zone->is_meta_master()) {
    JSONParser jp;
    op_ret = forward_request_to_master(s NULL store in_data &jp);
...
}
```

如果主数据中心创建失败（例如主数据中心没有该用户，该用户在非 Master Zone Group 中创建），则创建桶失败。因此所有用户必须在 Master Zone Group 中创建，并通过 MDlog 同步到其他数据中心，用户的修改和删除也必须在 Master Zone Group 中执行。如果 Master Zone Group 成功返回转发创建桶的请求，则继续执行剩余的创建桶流程，将 bucket info 保存到本数据中心的 RADOS。Master Zone Group 接收到该创建桶的请求后，其下的 RGW 也会执行 RGWCreateBucket::execute()。由于它是主数据中心，同时也会记录 MDlog，在元数据同步线程中 MDlog 会克隆到其他 Zone Group，所有的 Zone Group 下都会保存该 bucket info 信息，例如 Master Zone Group 为 beijing1，创建桶的请求发到 Zone Group 为 beijing2 的 RGW 网关，这个请求会被 beijing2 的 RGW 网关转发到 beijng1 的 RGW 网关，同时 MDlog 信息会被同步到 beijing2、guangzhou1、hunan1 等所有 Zone Group。在创建好桶之后，如果向这个桶上传数据，则需要将上传数据请求发到 Zone Group 为 beijing2 的 RGW 网关。如果上传请求发到 Zone Group 为

guangzhou1 的 RGW 网关，guangzhou1 的 RGW 网关会返回 301 状态码，表明请求所访问的桶不在本数据中心。

对于其他桶的元数据操作，大部分的请求会被转发到 Master Zone Group，例如删除桶、设置桶的静态网站、设置桶的多版本控制、设置桶的桶策略、设置桶的 ACL、设置桶的生命周期规则、设置桶的跨域访问配置等。

2. 数据同步

Ceph 的数据同步是指在多数据中心不同 Zone 之间同步用户上传的文件数据。

可以将实体数据的同步分为 3 个部分：记录日志、数据更新通知以及数据更新。下面分别介绍。

（1）记录日志

在对数据进行操作时（比如上传、删除等操作），RGW 会记录一些日志信息，为之后的实体数据同步服务。日志主要分两部分。

◆ bucket index log：在更新 bucket index、设置 olh（object logical head，对象逻辑头）时会记录该日志，包含了对象、操作类型等信息；

◆ data log：记录发生变化的 bucket shard 等信息。

在进行同步时，依据 data log，可以知道哪些 bucket shard 发生了数据的变化。而通过 bucket index log，则可以对对应的对象进行操作。比如，index log 中记录的是 add 操作，就会从 Source Zone 获取具体的对象，如果是 remove 操作，就会把相应的对象删除。

（2）数据更新通知

与元数据同步类似，实体数据的同步同样拥有一个线程周期性地进行数据更新通知。

◆ 初始化

实体数据的更新通知由 RGWDataNotifier 线程负责。它的初始化以及启动都是在 RGWRados 的初始化函数中。

```
data_notifier = new RGWDataNotifier(this);
data_notifier->start();
```

◆ 运行

在被启动之后，每隔一段时间（由 rgw_md_notify_interval_msec 配置，默认 200ms）

会进行数据更新通知，将记录在 data log 中发生变化的 shard 发送到其他 Zone。其他 Zone 在接收到更新通知后，会唤醒相应的数据同步线程。

（3）数据更新

为了与不同的 Zone 进行实体数据的同步，RGW 会启动单独的同步线程。

◆ 初始化

数据同步线程的初始化，同样在 RGW 的初始化中，数据同步线程可能会有多个。对于需要进行数据同步的 Zone，都会启动一个线程来专门负责从该 Zone 获取同步数据。

◆ 运行

同步线程启动之后，会开始调用 RGWDataSyncProcessorThread 的 process 来对数据进行处理，其主要流程如下。

1）从 RADOS 中读取 data sync status，以及各个 Log shard 的 sync marker。如果是第一次同步，RADOS 中还不存在这些信息，会先对 status 进行初始化。

2）data sync status 共有 3 种状态，即 StateInit、StateBuildingFullSyncMaps、StateSync。依据状态的不同，会执行不同的操作。

a）StateInit：该状态下，会执行一些同步的初始化操作，例如，往 Log Pool 中写入 sync_status 对象，从远端获取各个 Log shard 的 sync marker 写入 Log Pool，将 sync_status 设置为 StateBuildingFullSyncMaps 等。

b）StateBuildingFullSyncMaps：该状态下，会从远端获取所有的 bucket 信息。之后，会以 bucket shard 为单位，将所有需要同步的 bucket shard 写入 OMAP 中，并更新 Log shard 的同步 marker，最后将状态置为 StateSync。

c）StateSync：该状态即为正常的同步状态，在进行同步时，以 Log shard 为单位，对每一个 Log shard 进行数据同步操作。

3）在对某个 Log shard 进行数据同步时，依据 Log shard 的 sync marker 来判断执行全量还是增量同步。同样，在执行过一次全量同步后，之后执行的就是增量同步了。

4）在每一个 Log shard 中，包含了多个条目，每一个条目是一个 bucket shard 信息。对 Log shard 的同步，实际上就是遍历并同步这些 bucket shard。

5）同步 bucket shard 过程中有不同的状态。依据不同的状态，来依次执行初始化、全量同步以及增量同步。同样，初始化与全量同步只会执行一次，之后便是增量同步。为了同步 bucket shard，RGW 会从对端 Zone 的 RGW 获取该 bucket shard 的 bucket index log，并依据这些 Log，最终决定是从远端获取实体对象，还是从本地删除对象，或者进行其他的操作，此时才会涉及真正的实体数据的操作。

（4）删除日志

如果不删除日志，则随着时间的增加，日志会越来越大。因此，RGW 每隔一段时间都会删除已经同步完成的数据日志。间隔时间由 rgw_sync_log_trim_interval 确定，默认是 1200s。在进行日志删除时，需要从各个 Zone 获取数据同步状态信息，并根据这些信息，判断出哪些日志已经被同步完成了，并将其从 RADOS 中删除。

（5）总结

从实体数据同步过程中可以看到涉及多种同步状态的判断。之所以有这么多的状态，是因为 RGW 在进行数据同步时，将其在逻辑上分成了多个层级。我们可以将同步的层级分成如下 4 个层次。

1）Zone 级别

该层级表示了与某个 Zone 的同步状态，表征该层级的同步状态由下面的结构给出。

```
struct rgw_data_sync_info {
    enum SyncState {
    StateInit = 0
    StateBuildingFullSyncMaps = 1
    StateSync = 2
    };
    uint16_t state;
    uint32_t num_shards;
    rgw_data_sync_info() : state((int)StateInit) num_shards(0) {}
}
```

2）Log shard 级别

记录数据变化时会将日志分成多个 Log，从而在数据量较大时，获得较好的性能。下面是表示 Log shard 层级的同步状态结构。

```
struct rgw_data_sync_marker {
  enum SyncState {
    FullSync = 0
    IncrementalSync = 1
  };
  uint16_t state;
  string marker;
```

```
string next_step_marker;
uint64_t total_entries;
uint64_t pos;
real_time timestamp;
rgw_data_sync_marker() : state(FullSync) total_entries(0) pos(0) {}
}
```

3）bucket shard 级别

默认情况下，bucket shard 大小为 0。但为了让单个容器可以承载更多的对象，不得不以牺牲 list 对象的性能为代价，增大 bucket shard 的值。目前在线上环境中，该值通常都不配置为 0。因此，我们可以认为，每个 bucket 实际上都存在多个 shard，各自承载着部分对象。而在同步过程中，每一个 bucket shard 都归属于某个 Log shard。对于 log shard 的同步，实际上就是对其下的各个 bucket shard 进行同步。

4）对象级别

在每一个 bucket shard 中都保存了很多对象，同步 bucket shard，就是同步其下面的这些对象。该层级涉及对实体数据的操作，并且也是同步过程中的最底层（不考虑 RADOS），没有专门的结构来保存同步信息。

3. 小结

因为 Multisite 是一个 Zone 层面的功能处理机制，所以默认情况下是 Zone 级的数据同步，即配置了 Multisite 之后，整个 Zone 中的数据都会被同步处理。

整个 Zone 层面的数据同步，操作粒度过于粗糙，在很多场景下都是非常不适用的。当前，Ceph RGW 还支持通过 bucket sync enable/disable 来启用 / 禁用存储桶级的数据同步，操作粒度更细，灵活度也更高。

3.2.6　未来展望

1. RGW 优势

Ceph 的 RGW 在不断引入新功能的情况下，经历几次大规模的重构，整个架构设计分层清晰、责任明确，保证了整个 RGW 的可演进。RGW 当前的架构也充分考虑了非功能性的需求。

RGW 通过引入 beast HTTP 服务器前端以及使用 librados 异步 API，逐渐向读写路径异步化的方向演进。

在可观测性方面，RGW 也是在多个层面提供了支持。对于集中状态收集方面，得益于和 Ceph MGR 组件的集成，RGW 支持上报状态信息到 MGR 中，为之后进一步导出观测指标到 MGR 提供了支撑。

在运行时状态统计方面，RGW 提供了 admin socket 支持，支持单个 RGW 实例导出运行时的各类统计结果。

对于在线的请求跟踪分析方面，RGW 也集成了基于 Jaeger 的分布式请求跟踪。

在可管理性方面，RGW 支持命令行管理工具 radosgw-admin 和 HTTP 协议的管理 API。Ceph 社区也在呼吁 radosgw-admin 集成到 Ceph 管理命令中，进一步简化用户使用方式。

在功能扩展性方面，RGW 支持 Lua scripting，可进行自定义的处理。这很容易让人联想到 Nginx 社区和 OpenResty 社区，期待 RGW 的功能扩展性能催生出对象存储的 OpenResty。

2. RGW 劣势

RGW 扩展性得益于 HTTP 协议的无状态，因此基于 RGW 的对象存储的扩展性约束主要来自于 RADOS 层。目前 RGW 还没有解决好单个存储类别下的容量扩展性问题，具体来说就是一个存储桶中的对象只能保存在单个 RADOS 集群中，单个 RADOS 集群容量是单个桶支撑容量的上限。大部分用户选择通过业务改造，使用多个存储桶来规避单个 RADOS 集群的容量上限。

除了容量扩展性之外，社区版本存在元数据扩展性问题，也就是单桶能容纳的对象个数受限于单个 RADOS 集群的限制。

单桶元数据管理还存在可用性缺陷。在保存元数据的 RAODS 集群中，存在 OSD 异常下线后，恢复业务压力对读写请求造成严重影响，继而造成恢复期间请求错误率飙升、请求时延剧烈抖动的问题。问题的根本原因在于索引信息以 RADOS OMAP 接口的形式保存，而对象的 OMAP 不支持异步恢复。大部分用户选择创建无索引类型的存储桶来规避存储桶索引的问题。

Ceph RGW 的多数据中心冗余方案历经多年的发展，虽然已经演进到 V2 版本，但效果距离商用仍有距离，主要是因为 RPO/RTO 存在达标缺陷和成本缺陷。对于成本缺陷来说，RGW 多数据中心的痛点主要在于采用了两中心全量镜像的方式，在 PB 规模下的成本基本是不可接受的。对于 RPO/RTO 达标缺陷来说，RGW 多数据中心采用异步复制的方式，无法为多站点业务提供 RPO 为零的保证。正是这两点缺陷，限制了 RGW 在 PB 规模并且高 SLA 要求的对象存储场景上的落地。

3. 小结

虽然，我们在使用过程中发现了 RGW 有诸多待改进之处，但这依然不影响 RGW 是目前特性最丰富的优秀对象存储开源实现。相信上述提及的问题被更多的使用者发现，并且得到社区的重视之后，一定会得到解决。

与此同时，RGW 的诸多与时俱进的新兴特性不仅是对 RGW 架构演进能力的例证，同时也彰显了整个 RGW 社区的活力和创新性，因此我们有理由相信 RGW 一定会越来越好。

3.3 文件存储 CephFS

3.3.1 MDS 设计原理

1. 元数据部署设计

CephFS 采用数据 I/O 路径与元数据 I/O 路径分离的全分布式设计模型，图 3-32 所示为 CephFS I/O 模型，由 MDS 集群管理文件元数据，元数据和文件数据都存储在底层 RADOS 对象（system-object）中，这样可以充分利用 RADOS 的容灾特性，大大简化 MDS 的容灾和集群设计。

（1）MDS 元数据存储

前面提到 MDS 元数据存储于 RADOS 对象中，那么这里涉及一个重要的问题：MDS 元数据（inode、dentry）是如何存储在 Object 中的？

在 RADOS 中，Object 代表一个完整

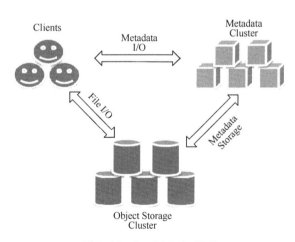

图 3-32　CephFS I/O 模型

而独立的数据，每一个 Object 都可以通过全局唯一的对象标识（Object ID，OID）来进行

标识。因此，如果将 inode 编号设置为 Object 的 OID，就可以顺利解决这个问题，即可实现 MDS 根据元数据信息（inode 编号）在 RADOS 中查找定位。如图 3-33 所示，元数据实际上是以目录为单位存储于 RADOS 对象中的，根目录默认的 inode 编号为 1，即标识为 1 的 Object 中存储了根目录下所有文件和子目录的 dentry 信息（这里要注意，子目录为当前父目录下的同一层级的目录）。dentry 对象中记录了文件和子目录的名称，以及对应的 inode 编号。当查询的元数据对象为目录时，则根据 inode 编号可以直接找到下一级目录下记录文件和目录的 dentry 信息位于哪个 Object 中，然后继续进行查找；当查询的元数据对象为 regular 文件时，则根据 inode 编号可以找到存储文件实际内容的 Object 地址，完成元数据查找。

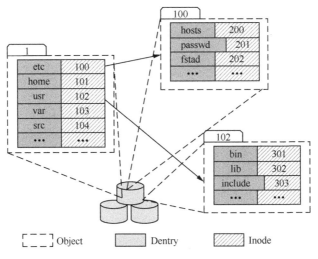

图 3-33　元数据存储结构

通常兼容 POSIX 标准的文件系统，如 Linux 的 vfs 文件系统，将 inode 和 dentry 设计为独立的对象，这主要出于 dentry 与 inode 并非总是一对一关联的原因，如硬链接场景。在 CephFS 中，出于对元数据处理性能的考虑，将 inode 与 dentry 对象进行结合存储，放置于 Object 中，这样，一次读取即可获取 dentry 和 inode 信息。因此，这种与 RADOS 存储方式的良好结合，能达到较优的元数据续写效率，如能较快地加载目录内容。

（2）MDS 元数据集群

CephFS 作为一个存储 PB 级数据的分布式文件存储系统，它充分考虑了对元数据服务器的要求，设计了 MDS 集群来集中管理文件元数据，支持主备和多活模式，本文主要介绍 MDS 集群多活模式。

为了方便集群扩展，多活 MDS 必须对整个文件系统的元数据管理进行分区，如图 3-34 所示。为此，CephFS 引入了子树分区设计，将这个文件系统目录树分区成子树，分布到各个 MDS 中，当 MDS 的 I/O 负载不均衡的时候，通过子树迁移来平衡 MDS 间的负载。目前 MDS 支持的分区有两种方式：静态子树分区和动态子树分区。

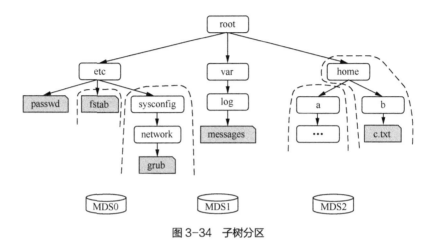

图 3-34　子树分区

◆ **静态子树分区**

通过手动分区的方式，固定地将不同层级的目录子树分配到各个 MDS 上，当 MDS 间的负载出现不均衡时，再手动调整，进行 MDS 间的子树迁移来修正负载均衡。可以看出，各个 MDS 节点负载和子树的位置都是静态固定的，很显然，这种方式拥有很好的元数据定位能力，能较好地适用于数据位置较为固定的场景。但随着业务量不断扩大，集群规模需要扩展时，还需要手动重新分配子树到新增的 MDS 节点，因此元数据负载均衡能力较差。

◆ **动态子树分区**

根据 MDS 集群各节点的负载情况，动态地调整子树分片分布到不同的 MDS 节点上，达到整个集群的负载均衡。负载较高的 MDS 节点根据本地目录的热度决定迁移子树的大小，将部分子树迁移到负载较轻的 MDS 节点上。该方式提供了较好的元数据负载均衡能力，适用于较多的业务场景，特别是那些元数据迁移量较小的场景，也是 CephFS 默认的分区方式。

2. MDS 负载均衡

动态子树分区如何实现负载均衡呢？这里涉及两个重要的过程：负载热度计算和子树迁移，前者触发后者，由后者最终完成负载均衡动作。

在深入介绍 MDS 负载均衡之前，首先介绍一下 CephFS 中一项重要的技术：目录分片。

如果子树按照目录粒度进行分区，并不能解决超大目录（即一个目录下存在大量文件和子目录）或者热点目录（即一个目录下存在多个热点文件）的负载分离问题。为了解决这个问题，CephFS 引入了目录分片技术，即扩展了目录层次结构，将单个目录分解为多个目录分段（fragment）。这样，在目录内容较多的情况下，可以将目录动态地分割为多个分片，实现目录分片粒度的负载均衡。从图 3-34 也可以看出，fstab 文件以分片的粒度从 etc 目录中分离，迁移到 MDS2 中。目录分片技术还有一个优点，即能加速超大目录的预读加载，保证客户端能快速访问目录内容，例如 readdir 过程。

（1）负载热度计算

与 inode 和目录分片关联的热度计数器记录了缓存元数据的受欢迎程度，其中，inode 元数据记录 read 和 write 两种操作热度计数，目录分片（fragment）还会记录 readdir 操作的热度计数，以及元数据从 RADOS 读出和写入的热度。除了维护其自身的热度之外，每个目录分片还维护 3 个额外的负载向量。

◆ 向量 1 记录当前子树所有嵌套元数据的热度；
◆ 向量 2 记录当前节点权威元数据的所有嵌套元数据热度；
◆ 向量 3 记录当前节点权威子树的元数据热度。

MDS 集群节点之间会定期发送心跳消息来共享它们的总体热度负载情况，以及每个子树的直接祖先管理元数据的累积热度，每个 MDS 可以根据这些信息计算出自身热度与平均热度之间的关系来确定是否需要迁移元数据，同时又能确定需要迁移的合适的子树元数据。

（2）子树迁移

本质上，MDS 仅作为一个内存数据缓存池，因此 MDS 之间动态迁移的是缓存在内存中的子树元数据。子树从源 MDS 节点迁移到目的 MDS 节点，大致可分为 4 个步骤，具体如下。

1）discover 阶段

源 MDS 节点将需要迁移的目录元数据发送到目的 MDS 节点缓存。

2）prepare 阶段

目的 MDS 节点将迁移的目录子树进行冻结，阻塞客户端对该目标子树的所有 I/O 请求。

3）export 阶段

源 MDS 节点将目标目录下的内容（子目录和文件）元数据发送给目的 MDS 节点缓存。

4）finish 阶段

目的 MDS 节点解冻目录子树，更新客户端目录 –MDS 映射关系，处理被阻塞的 I/O

请求，以便客户端可以继续对文件进行操作。

3.3.2　CephFS 访问方式

1. CephFS 接入整体介绍

CephFS 接入主要分为两类：第一类是通过 POSIX 兼容的自定义客户端接入，主要方式为采用 CephFS 内核客户端及 CephFS FUSE（Filesystem in Userspace）客户端挂载；第二类是通用的标准网络文件协议（如 NFS、SMB），通过和已有开源组件结合的方式来提供接入，如 NFS-Ganesha 及 Samba 等。通过以上方式接入 CephFS 后，用户可以像操作本地文件系统一样来操作存储在 Ceph 集群上的树状结构目录与文件数据。

特别地，CephFS 提供 Windows 专有客户端（非 SAMBA），具体使用及分析可以参考 ceph-dokan 在 github 上的项目。

2. CephFS 客户端接入（Kernel/Fuse）

本节主要介绍 CephFS 私有客户端的接入方式。CephFS 有两种私有客户端，分别为内核态 Kernel 形式的私有客户端与用户态 Fuse 形式的私有客户端。以下简单介绍 CephFS 的部署与挂载。

（1）CephFS 部署

CephFS 系统至少需要两个 RADOS 池，一个用于数据，另一个用于元数据，见图 3-35。由于元数据多为随机存储，建议使用随机性能好的 SSD 盘作为元数据存储池，从而得到更好的元数据性能水平。

具体部署步骤如下。

```
# 启动 MDS 服务
# ceph-deploy mds create <cephfs-master>
# 创建数据 Pool
# ceph osd pool create cephfs_data 128
# 创建元数据 Pool
# ceph osd pool create cephfs_metadata 128
# 创建并展示 fs 状态
# ceph fs new cephfs cephfs_metadata cephfs_data
# ceph fs ls
# ceph mds stat
```

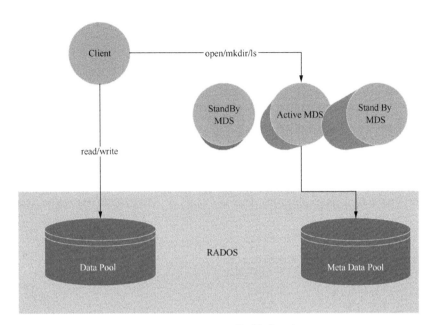

图 3-35　CephFS 集群架构示意

（2）CephFS 挂载（不启用 CephX）

◆ 挂载准备

在挂载前，需要确保客户端节点有一份 Ceph 配置文件并确保配置文件有权限。

```
# mkdir -p -m 755 /etc/ceph
# ssh <user>@<mon-host> "sudo ceph config generate-minimal-conf" | sudo tee /
etc/ceph/ceph.conf
# chmod 644 /etc/ceph/ceph.conf
```

◆ Kernel 挂载

CephFS 的 Kernel 挂载方式依赖于 CephFS Kernel Driver，一般已集成在高版本内核中，是一个挂载方便、性能较高的接入方式。可以通过如下命令检查当前内核是否支持 CephFS Kernel Driver。

```
# 检查内核是否支持 CephFS Kernel Driver
# stat /sbin/mount.ceph
```

如已支持 Kernel Driver，则具体挂载步骤操作如下。

```
# 本地创建挂载点
# mkdir /mnt/Cephfs
# 使用 linux 命令 mount、umount 进行挂载、卸载
# mount -t ceph <mon-host>:<mon-port>:/ <mount_point>
```

如需要设置操作系统启动时自动挂载 CephFS，在客户端节点的 /etc/fstab 文件中加入挂载行即可，挂载系统为 Ceph。

◆ **Fuse 挂载**

如当前客户端系统未加载 CephFS Kernel Driver，可以使用用户态客户端 ceph-fuse 进行挂载。

```
# 安装 ceph-fuse 客户端软件
# yum install ceph-fuse
# 使用 ceph-fuse 命令挂载
# ceph-fuse -m <mon-host>:<mon-port> /mnt/Cephfs
# 使用 umount 命令卸载
# umount /mnt/cephfs
```

如需要设置操作系统启动时自动挂载 ceph-fuse，可在客户端节点的 /etc/fstab 文件中加入以下行。

```
none    /mnt/mycephfs fuse.ceph defaults  0 0
```

（3）CephX 认证挂载

如已启用 CephX 鉴权机制，则需要为客户端生成 Key。此处假设创建新用户 cephfs，并允许用户访问 CephFS 池。

```
# 在 Ceph 集群上执行命令创建 cephfs 用户
# ceph auth get-or-create client.cephfs mon 'allow *' mds 'allow *' mgr
'allow *' osd 'allow *' -o /etc/ceph/ceph.client.admin.keyring
# 在客户端获得 client.cephfs 密钥
# ceph auth get-key client.cephfs > /etc/ceph/cephfskey
# 执行挂载命令（以 Kernel Driver 方式为例）
# mount -t ceph <mon-host>:<mon-port>:/ <mount_point> -o
name=cephfssecretfile=/etc/ceph/cephfskey
```

3. CephFS NFS/Samba 接入（lib 库访问）

CephFS 提供了一套 lib 库（libcephfs），NFS-Ganesha、Samba 等多个开源项目已经集成 libcephfs，从而使得 CephFS 集群可以通过 NFS、SMB 协议提供文件存储服务。详情可见 NFS-Ganesha、Samba 等各开源组件介绍，图 3-36 ~ 图 3-38 分别为 Kernel 客户端接入方式与 NFS-Ganesha、Samba 接入方式的架构示意图，便于读者比较理解。

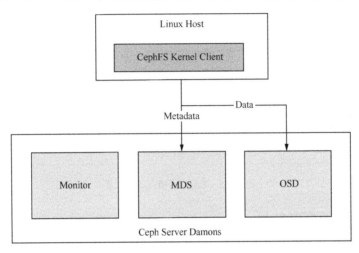

图 3-36　Kernel 客户端架构示意

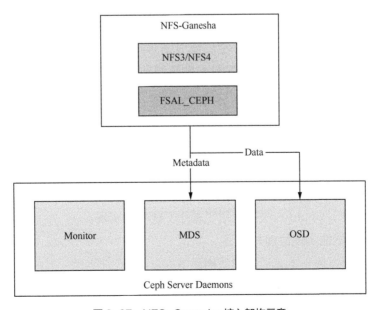

图 3-37　NFS-Ganesha 接入架构示意

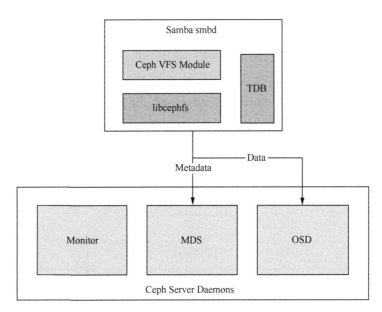

图 3-38　Samba 接入架构示意

3.3.3　CephFS 高级特性

1. Snapshot（快照）

（1）Snapshot 特性介绍

CephFS 支持快照功能，快照文件被创建后将保存在快照对象目录中的隐藏子目录里。

通常来说，快照功能设计是为了保存文件系统在创建快照时间点的状态视图，但为了实现以下的附加特性，CephFS 快照设计选择有别于其他几类快照。

1）任意子树：快照可以在选择的任何目录中创建（而非仅能在根目录下创建），并覆盖该目录下文件系统中的所有数据。

2）异步：快照创建行为异步化，创建快照后由快照数据与实时数据差异造成的数据复制和数据迁移不能影响正常读写性能，只能延缓完成。

为了实现这两点，CephFS 快照使用了基于 COW 的实现。

（2）Snapshot 特性实现原理与细节

CephFS 快照中，较为重要的数据结构如下。

◆ SnapContext

一个 RADOS 系统的 SnapContext 由一个快照序列 ID（即 snapid）列表和每一个

RADOS Object 在此列表上存亡时间所对应的关联表组成（如 Object 在 snap02 后创建，在 snap04 后删除，在表中会有所表示）。为了生成该列表，会将与 SnapRealm 关联的快照 ID 和其 past_parents 的所有有效快照 ID 组合在一起（SnapClient 的缓存模式会过滤掉过期的快照，以确定哪些是有效快照）。

◆ SnapRealm

无论在任何时候创建快照，都会生成一个 SnapRealm，它的功能较为单一，主要用于将 SnapContext 与每个打开的文件关联，以进行写入。SnapRealm 中还包含 sr_t srnode、past_parents、past_children、inodes_with_caps 等信息。

◆ sr_t（srnode）

sr_t 是存储在 RADOS 系统 OSD 中的文件系统快照元数据结构，包含序列计数器、时间戳、相关的快照 ID 列表和 past_parent。

◆ SnapServer

SnapServer 管理快照 ID 分配、快照删除，并跟踪文件系统中有效快照的列表，一个文件系统只有一个 SnapServer 实例。

◆ SnapClient

SnapClient 用于与 SnapServer 通信，每个 MDS rank（每个 rank 视作一个元数据分片 shard，从 MDS 中选出当前管理此 rank 的 Server）都有其自己的 SnapClient 实例，SnapClient 还负责在本地缓存有效快照数据。

（3）Snapshot 处理细节

◆ 创建快照

CephFS 内部通过在目录创建 .snap 子目录的方式管理当前目录的快照。客户端会将请求发送到 MDS 服务器，然后在服务器的 Server::handle_client_mksnap() 中处理。它会从 SnapServer 中分配一个 snapid，利用新的 SnapRealm 创建并链接一个新的 inode，然后将其提交到 MDlog，提交后会触发 MDCache::do_realm_invalidate_and_update_notify()，此函数将此 SnapRealm 广播给所有对快照目录下任一文件有管辖权的客户端。客户端收到通知后，将同步更新本地 SanpRealm 层级结构，并为新的 SnapRealm 结构生成新的 SnapContext，用于将快照数据写入 OSD 端。同时，快照的元数据会作为目录信息的一部分更新到 OSD 端（即 sr_t）。整个过程是完全异步处理的。

◆ 更新快照

快照信息更新分为两种情况。快照删除：这个过程和快照创建类似，不过行为都变为删除；文件或目录重命名：从父目录 SnapRealm 中删除这个文件或目录 inode，rename 代码会为重命名的 inode 创建一个新的 SnapRealm，并将对旧父目录（past_parent） SnapRealm 有效的快照 ID 保存到新的 SnapRealm 的 past_parent_snaps 中。

◆ **RADOS 存储快照数据**

CephFS 文件被分割成 Object 后，Object 层级快照行为由 RADOS 自行管理。此外，在将文件数据 Object 写入 OSD 时，还额外用到了 SnapContext 这一结构。

◆ **RADOS 存储快照元数据 sr_t**

目录快照信息（及快照本身的 Inode 信息）作为目录信息的一部分字段进行存储。所有目录项的快照字段都包含其生效的第一个和最后一个 Snapid（表示这个目录项创建于哪次快照，消亡于哪次快照）。未快照的目录项，将快照字段的最后位置设置为 CEPH_NOSNAP。

◆ **快照回写**

当客户端收到 MClientSnap 消息时，它将更新本地 SnapRealm 内容，并将旧 Inode 链接更新为需要回写的 Inode 的新链接，并为这些回写的 Inode 生成 CapSnap。CapSnap 被用于缓冲新写入的数据，直到快照回写在 OSD 中完成。

同时，另一方面，在 MDS 中，会为这些 CapSnap 一并记录日志，以保障这一过程的完成。

◆ **删除快照**

直接尝试删除带快照的目录会失败，必须先删除快照。在客户端删除快照信息后，将发送请求给映射的 OSD，使其删除相关的快照文件数据。而通过将目录信息更新覆盖后写入 OSD 对象的方式，快照元数据将被异步删除。

◆ **硬链接**

具有过多硬链接的 Inode 将被转移到虚拟全局 SnapRealm。虚拟全局 SnapRealm 覆盖文件系统中的所有快照，以处理这种棘手情况。Inode 的数据将为任何新快照保留，这些保留的数据也将覆盖 Inode 的任何链接上的快照。

◆ **多文件系统**

需要注意的是，CephFS 的快照和多个文件系统的交互是存在问题的——每个 MDS 集群独立分配 snappid，如果多个文件系统共享一个池，快照会冲突。如果此时有客户删除一个快照，将会导致其他人丢失数据，并且这种情况不会提升异常，这也是 CephFS 的快照不推荐使用的原因之一。

（4）Snapshot 工具命令限制总结

◆ 创建快照

默认情况下，文件系统没有启用快照功能，要想在现有文件系统上启用它，可使用以下命令开启。

```
# 创建快照
# ceph fs set <fs_name> allow_new_snaps true
```

启用快照后，CephFS 中的所有目录都将具有一个特殊的 .snap 目录（如果需要，可以使用客户端 snapdir 配置其他名称）。

要创建 CephFS 快照，请在 .snap 目录下创建一个具有你选择的名称的子目录。例如，要在目录 "/1/2/3/" 上创建快照，请调用以下命令。

```
# 在目录 "/1/2/3/" 上创建快照
# mkdir /1/2/3/.snap/my-snapshot-name
```

◆ 恢复快照

```
# 恢复快照
# cp -ra /1/2/3/.snap/my-snapshot-name/*  /1/2/3/
```

◆ 删除快照

```
# 删除快照
# rmdir /1/2/3/.snap/my-snapshot-name
```

◆ 快照限制（"s" 标志）

要创建或删除快照，客户端除了需要 "rw" 外还需要 "s" 权限标志。请注意，当权限字符串还包含 "p" 标志时，"s" 标志必须出现在其后（除 "rw" 以外的所有标志都必须按字母表顺序指定）。例如，在以下代码段中，client.0 可以在子文件系统 "cephfs_a" 的 "bar" 目录中创建或删除快照。

```
client.0
    key: AQAz7EVWygILFRAAdIcuJ12opU/JKyfFmxhuaw==
```

```
caps: [mds] allow rw allow rws path=/bar
caps: [mon] allow r
caps: [osd] allow rw tag cephfs data=cephfs_a
```

◆ ceph-syn

ceph-syn 是一个适用于 CephFS 的简单的人造载荷生成器。它通过 libcephfs 库在当前运行着的文件系统上生成简单的载荷,此文件系统不必通过 ceph-fuse 或内核客户端挂载。可以用一个或多个 --syn 命令参数规定特定的载荷,而此测试工具也可以用来操作快照(但作为一个测试工具,不推荐直接使用)。

```
# 在 path 上创建一个名为 snapname 的快照
# ceph-syn --syn mksnap path snapname
# 删除 path 上名为 snapname 的快照
# ceph-syn --syn rmnap path snapname
```

◆ cephfs-shell

cephfs-shell 提供类似于 shell 的命令,可以直接与 CephFS 系统进行交互(需要注意的是,cephfs-shell 基于 Python,需要依赖 cmd2 模块)。

```
cephfs-shell [options] [command]
cephfs-shell [options] - [command command ...]
-c --config FILE // Path to cephfs-shell.conf
-b --batch FILE  // Path to batch file
-t --test FILE   // Path to transcript(s) in FILE for testing
```

创建或删除快照:

```
snap {create|delete} <snap_name> <dir_name>
snap_name - Snapshot name to be created or deleted
dir_name - directory under which snapshot should be created or deleted
```

◆ 客户端版本

Mimic 版本(13 版本)以后的 fuse 与 lib 库客户端都可以支持快照。内核版本等于及高于 4.17 的内核客户端可以支持快照,这点与之后讲述的 Quota 一致。

2. Quota 配额

（1）Quota 特性介绍

CephFS 允许在系统中的任何目录上设置配额。配额可以限制目录层次结构中该节点下方存储的字节或文件的数量。

（2）Quota 特性实现原理与细节

目前来说，CephFS Quota 特性有以下细节。

◆ CephFS Quota 是针对目录的，可限制目录下存放的文件数量和容量。

◆ CephFS 没有一个统一的 UID/GID 机制，传统的基于用户和组的配额管理机制很难使用。

◆ CephFS 一般与客户端应用配合使用，将用户关联到对应的 CephFS 目录。

（3）Quota 目前实现的局限性

◆ 配额需要客户端合作

CephFS Quota 取决于挂载文件系统的客户端的合作，以在达到限制时停止写入程序。CephFS 服务端本身不能阻止客户端写入所需数量的数据，在客户端完全不受信任的环境中，Quota 无法阻止客户端填满文件系统。

◆ Quota 控制时间因素不精确

达到 Quota 限制后，写入文件系统的进程将在短时间内停止而非立刻停止。客户端将不可避免地被允许写入超出配置限制的数据量。一般而言，在超出配置的限制后的 10s（取决于检测已使用 Quota 的时间间隔，此参数可以调整，但一般推荐默认为 10s，过短可能会影响性能）内，进程将被停止写入。

◆ Quota 仅在内核版本等于及高于 4.17 的内核客户端中实现

Mimic 版本（13 版本）以后的 fuse 与 lib 库客户端都可以支持 Quota。内核版本等于及高于 4.17 的内核客户端可以支持 Quota。

◆ 在与基于路径的访问限制一起使用时，必须仔细配置 Quota

基于路径限制挂载时必须谨慎地配置 Quota。客户端必须能够访问配置了 Quota 的那个目录的索引节点，这样才能执行 Quota 管理。如果某一客户端被 MDS 能力限制成了只能访问一个特定路径（如 /home/user），并且无权访问配置了 Quota 的父目录（如 /home），这个客户端就不会受父目录（如 /home）的限制去执行 Quota。所以，基于路径做访问控制时，最好在限制了客户端的那个目录（如 /home/user）或者它更下层的子目录上配置 Quota。

◆ 快照未计入 Quota

目前创建快照造成的 COW 增量数据未被计入 Quota 进行限制。避免出现此种状况的基本方法是不要同时使用快照和 Quota 功能。快照 COW 增量数据计入 Quota 统计有待未来开发。

（4）Quota 工具命令总结

CephFS 的 mount 方式分为内核态 mount 和用户态 mount，内核态使用 mount 命令挂载，用户态使用 ceph-fuse 命令挂载。内核态只有在 kernel 4.17 + Ceph mimic 以上的版本才支持 Quota，用户态则没有限制。

◆ 内核态 mount 与用户态 mount 挂载

```
# 内核态 mount
# mount -t ceph 192.168.3.1:/test /mnt/cephfs/ -o name=adminsecret=AQCs2Q9bqA
jCHRAAlQUF+hAiXhbErk4NdtvORQ==
# 用户态 mount
# ceph-fuse -r /test /mnt/cephfs/ --name client.admin
```

◆ 配置 Quota

```
# 首先在 CephFS 创建一个要限额的目录
# mkdir /mnt/cephfs
# ceph-fuse /mnt/Cephfs
# 然后在目录上使用 setfattr 设置限额属性
# setfattr -n ceph.quota.max_bytes -v 100000000 /mnt/cephfs/test
```

3. QoS 服务质量

（1）QoS 特性介绍

QoS（Quality of Service，服务质量）指一个网络能够利用各种基础技术，为指定的网络通信提供更好的服务的能力，是一种用来解决网络时延和阻塞等问题的网络安全机制。在 CephFS 中，目前倾向使用限流的方式来实现 QoS 目的。此功能目前尚未引入，Ceph 社区考虑在 16 版本及之后着手开发限流功能。

（2）QoS 特性实现设想与 Ceph 社区方向

目前 Ceph 社区对限流功能设想的实现方向是在客户端进行令牌桶算法流控。通过将

QoS 信息设置为目录的 xattrs 之一（和 Quota 一样）来控制流控开启、关闭与监控，同时可以使用一次 QoS 设置来控制访问相同目录的所有客户端的限流。

而配置 QoS 的流程则参照 Quota 的配置流程，当 MDS 收到 QoS 设置时，它将向所有客户端广播该信息。流控限额可以在线更改，设置以后如 Quota 一样由客户端进行具体的流控行为。

Ceph 社区为限流功能预留的配置方式如下。

```
setfattr -n ceph.qos.limit.iops -v 200 / mnt / cephfs / testdirs /
setfattr -n ceph.qos.burst.read_bps -v 200 / mnt / cephfs / testdirs /
getfattr -n ceph.qos.limit.iops / mnt / cephfs / testdirs /
getfattr -n ceph.qos / mnt / cephfs / testdirs /
```

Ceph 社区也讨论了这样设计可能会遇到的问题。由于 CephFS 客户端 I/O 路径中没有队列，因此，如果流控小于请求的块大小，则整个客户端将被完全阻塞，直到获得足够的令牌为止。

此外，在单个共享目录多客户端共享挂载情况下，如果不对客户端分别控制，流控会变得不可预测。对于这一点，Ceph 社区计划了两种模式。

1）所有客户端都使用相同的 QoS 设置而不去理会多个客户端的情况，即干脆放任上述不可预测性。这样做的好处是不会因为总的流控限制，间接影响了客户端的可挂载数量。

2）所有客户端共享特定的 QoS 设置。

◆ 设置总限制，所有客户端均受平均数限制：total_limit/clients_num。

◆ 设置总限额，mds 通过客户端的历史 I/O & BPS 分担客户端的限额。

3.3.4　未来展望

CephFS 的设计理念与实际开发的特性比较先进、全面，从 MDS 的动态目录树 / 目录分片设计，到加密 / 快照等高级企业级功能实现，CephFS 的"野心"不可谓不大。但开源版本的 CephFS 目前并未被大规模商用，说明开源版本 CephFS 还不足够成熟，部分厂商甚至借鉴了 CephFS 的架构做了新的实现，在企业级分布式文件存储市场上披荆斩棘。对此现状，我们分析有以下原因。

1. 架构原因

CephFS 的 MDS 中有着整个文件目录树缓存，元数据最终的持久化是在 MDS Pool 中，元数据读写盘需要同样走一遍 PG/OSD 的 I/O 路径。在上千万甚至上亿文件数据量的场景下，MDS 的缓存命中率明显降低，元数据的性能下降导致整体性能下降。而从 Ceph 官网社区"单 MDS 稳定，多 MDS 不稳定"的宣称看，我们对 CephFS 支撑企业级大文件数据量存储的能力依旧要打个问号。

2. 实现原因

CephFS 的设计理念非常强大，有着各种高级功能与模块，从而导致了工程实现难度的提高。从代码分析看，整个 MDS 的代码复杂度是较高的。在全量测试中，各类小问题依旧可见，整体表现不够稳定。对于企业存储，数据存储的安全性和存储业务的稳定性一定是放在第一位的，这也是 CephFS 必须面对的问题。

当然，虽然 CephFS 有以上所述的各类问题，但 Ceph 社区在 CephFS 项目上依旧有不断的人员投入。同时，已知有较多的技术企业在采用 CephFS 作为内部文件存储支撑系统，他们也将会不断致力于 CephFS 的成熟及优化，因此我们有理由认为，CephFS 的未来依旧可期。

第 4 章

Chapter 4

存储层

4.1 Monitor

Monitor 是 Ceph 的元数据管理组件，一个 Ceph 存储集群中往往存在多个 Monitor 实例（通常为奇数个），它们基于 Paxos 共识算法，以 Monitor 集群方式对外提供一致性的元数据访问和更新服务。

4.1.1 背景

集群元数据（区别于前文讨论的数据文件的元数据）管理方式主要有两种方式：有中心的集群元数据管理方式和无中心（对等）的集群元数据管理方式。

有中心的集群元数据管理方式由若干个中心节点来负责整个集群元数据的访问、维护等功能。此种方式的设计和实现相对简单，集群元数据发生变化时能够及时更新，但是存在中心节点单点故障风险。为了规避该问题，通常会在集群中部署多个中心节点来实现冗余。另外，受中心节点处理能力限制，集群扩展能力可能成为瓶颈。

无中心的集群元数据管理方式由于每个节点的角色对等，无单点故障风险，具有较强的水平扩展能力，缺点是集群状态变化等消息传播较慢，特别是当集群规模较大时，该问题更为明显。

可以看出，这两种设计方式都有着各自的优缺点。针对这种情况，Ceph 选择了有中心节点（Monitor）的集群元数据管理方式，但是也有着自己的特点。

Ceph 基于 CRUSH 算法，根据输入的 Key 值和当前集群状态，输出访问数据所在的 OSD 集合，从而极大地降低了 Monitor 需要管理的元数据规模。为了缓解单点故障问题及中心节点的处理能力限制问题，Ceph 中往往部署多个 Monitor，它们之间组成了一个高度自治的 Monitor 集群对外提供服务。

另外，Ceph 通过赋予 OSD 更多能力来分担 Monitor 的元数据管理负担：如 OSD 和 Client 缓存元数据信息，实现大多数情况下的点对点的数据访问；OSD 自身完成数据备份、数据强一致性访问、故障检测、数据迁移及故障恢复，从而极大地减少了 Monitor 的工作；OSD 之间通过心跳检测机制感知彼此的元数据的版本号等信息并主动更新到落后节点。得益于此，Monitor 对 OSD 的元数据信息更新可以不必那么及时。

4.1.2 具体实现

Ceph 的设计思路是尽可能由更"智能"的 OSD 及 Cilent 来降低 Monitor 作为中心节

点的负担，所以 Monitor 需要介入的场景并不太多，主要集中在以下几点。

（1）Client 首次访问数据需要从 Monitor 获取当前的集群状态和 CRUSH 信息。

（2）发生故障时，OSD 节点自己或者依靠同伴向 Monitor 报告故障信息。

（3）OSD 恢复，加入集群时，会首先报告 Monitor 并获得当前的集群状态。

Ceph Monitor 整体架构如图 4-1 所示，总体上分为 PaxosService、Paxos、LevelDB 三层，其中 PaxosService 层将不同的元数据信息封装成单条 kv，LevelDB 层则作为最终的数据和 Log 存储。本章的关注重点在 Paxos 层，Paxos 层对上层提供一致性的数据访问逻辑，在其看来所有的数据都是 kv，上层的不同的元数据信息在这里共用同一个 Paxos 实例。基于 Paxos 算法，该层通过一系列的节点间通信来实现集群间一致性的读写以及故障检测和恢复。Paxos 将整个过程分解为多个阶段，每个阶段会达成一定的目的，进而进入不同的状态。分层的思路使得整个实现相对简单、清晰。

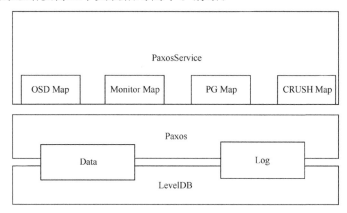

图 4-1　Ceph Monitor 整体架构

1. Boostrap 阶段

节点启动或者之后的多数故障情况发生时都会首先进入 Boostrap 过程，Boostrap 过程会向其他节点发送探测消息，感知彼此的数据新旧，并对差距较大的节点进行全同步。这个过程可以保证该节点能与超过半数的节点通信且节点间的数据差距不大。

2. 选主阶段

Leader 选举规则比较明确：简单地根据彼此的 rank 值（在初始化阶段根据 IP 地址生成）来进行投票，rank 值最小的 Monitor 将胜出，当选 Leader。该过程确定了 Quorum，在此之前所有的操作都是针对 MonitorMap 中所有 Monitor 节点的，直到这里才有了 Quorum，之后的所有 Paxos 操作便基于当前这个 Quorum 了。

3. Recovery 阶段

在这一过程中,刚选出的 Leader 收集 Quorum 当前的 Commit 位置,并更新整个集群信息,随后集群进入可用状态。

4. 读写阶段

Leader 通过两个阶段完成数据提交,并更新 Follower 的租约,在租约内的所有 Follower 可以对外处理读请求。

4.1.3　一致性算法与 Paxos 介绍

1. Paxos 介绍

为了使集群能够对外提供一致性的元数据信息管理服务,Monitor 内部基于 Paxos 实现了自己的一致性算法。Paxos 论文中只着重介绍了集群如何对某一项提案达成一致,而距离真正的工程实现还有比较大的距离,还有众多的细节和方案需要在具体实现中考虑和选择。从上述对实现的简述可以看出,Ceph Monitor 的 Paxos 实现版本中有许多自己的选择和权衡,总结如下。

（1）用 Boostrap 来简化实现 Quorum

与很多其他的一致性协议实现不同,Ceph Monitor 的 Quorum 是在选主过程结束后就已经确定了的,之后所有 Paxos 过程都是针对这个 Quorum 中的节点,需要收到全部答复。任何错误或节点加入、退出,都将导致新的 Boostrap 过程。这样,Monitor 极大地简化了 Paxos 的实现,但在 Quorum 变动时会有较大不必要的开销。考虑到 Quorum 变动相对于读写操作非常少见,因此这种选择也不失明智。

（2）仅依据 IP 地址选主

在 Recovery 过程中 Leader 数据将会更新到最新,并将选主和数据更新分解到两个阶段。

（3）主节点发起 Propose

只有 Leader 可以发起 Propose,并且每次一个值。

（4）租约

将读压力分散到所有的 Monitor 节点上,并成就其水平扩展能力,在 Ceph Monitor

这种读多写少的场景下显得格外有用。

（5）聚合更新

除维护 Monitor 自身元数据的 MonitorMap 外，其他 PaxosService 的写操作均会积累一段时间，然后合并到一条更新数据中，从而降低 Monitor 集群的压力。当然，可以这么做得益于更智能的 OSD 节点，它们之间会发现元数据的不一致并相互更新。

2. Paxos 实现

Paxos 算法是一种常用于分布式系统的共识一致性算法，它主要解决的问题是分布式系统中的某个值（决议）如何达成一致。Paxos 可以实现数据副本一致性、分布式锁、名字管理等。Paxos 包括原始 Paxos(basic paxos) 和变种优化的 multi-paxos 等，其中 multi-paxos 更适合工程实践。

（1）Basic Paxos

Basic Paxos 包含的角色如下。

◆ Proposer：提出提案，可以是一个或多个 Proposer。

◆ Acceptor：决策是否接受来自 Proposer 的提案。

◆ Learner：最终提案的学习者。

Basic Paxos 算法流程包含 3 个阶段。

1）Prepare 阶段

Proposer 向所有 Acceptor 广播 Prepare 的请求，如图 4-2 所示，请求中带有一个全局唯一且自增的 proposal num(pn)，Acceptor 接收消息后不再接收 Pn 小于等于当前 Pn 的 Prepare 消息或 Propose 消息。Acceptor 接收之后向 Proposer 回复 Promise 消息，如图 4-3 所示。

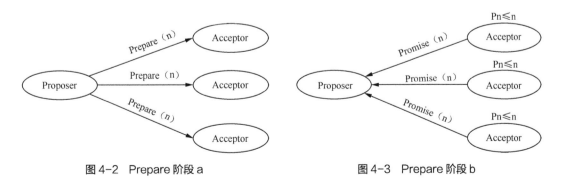

图 4-2 Prepare 阶段 a   图 4-3 Prepare 阶段 b

2）Accept 阶段

如图 4-4、图 4-5 所示，Proposer 收到过半数且最大 Pn 的提案 [Pn，value]，然后将提案发送给 Acceptor。Accept 在收到 Propose 请求，大于等于本地 Pn 时，则将 [Pn，value] 保存到本地，并且返回 Proposer 已接收。

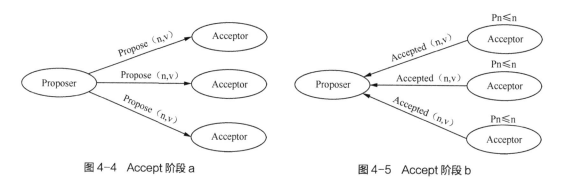

图 4-4 Accept 阶段 a   图 4-5 Accept 阶段 b

3）Learn 阶段

Proposer 收到多数 Acceptor 的 Accept 后，决议形成，将通过的提案发送给所有 Learner，如图 4-6 所示。

（2）Multi Paxos

原始的 Paxos 算法（Basic Paxos）只能对一个值形成决议，决议的形成至少需要两次网络来回，在高并发情况下可能需要更多的网络来回，极端情况下甚至可能形成活锁。如果想连续确定多个值，Basic Paxos 就搞不定了。因此 Basic Paxos 几乎只是用来做理论研究，并

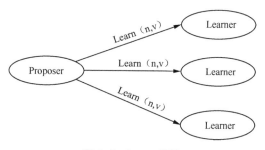

图 4-6 Learn 阶段

不直接应用在实际工程中。实际应用中大多需要连续确定多个值，而且希望能有更高的效率。Multi-Paxos 正是为解决此问题而提出的。Multi-Paxos 基于 Basic Paxos 做了两点改进。

1）针对每一个要确定的值，运行一次 Paxos 算法实例（Instance），形成决议。

2）在所有 Proposer 中选举一个 Leader，由 Leader 唯一地提交 Proposal 给 Acceptor 进行表决。这样没有 Proposer 竞争，就解决了活锁问题。在系统中仅有一个 Leader 进行 Value 提交的情况下，Prepare 阶段就可以跳过，从而将两个阶段变为一个阶段，提高

效率。

Ceph Monitor 采用的是 Multi Paxos 算法。

◆ Monitor 选举过程

Monitor::bootstrap( )是选举入口,整个过程也由一系列状态变化而成,如图 4-7 所示。每个 Monitor 启动后,根据配置文件中的主机 IP 列表,发现其他 Monitor,并获取其他节点最新日志版本号,根据版本号大小判断是否需要从其他节点拉取 db 数据做同步,然后选出 Leader 和 peon,再做 Recovery,最后根据收到的信号执行 shutdown 命令。

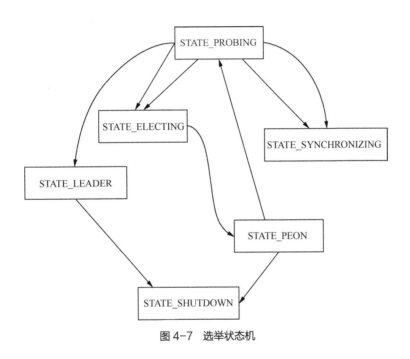

图 4-7　选举状态机

◆ probe 过程(见图 4-8)

本节点发送 probe 请求,Monmap 里记录的其他节点进入 STATE_PROBING 状态。对端节点收到请求后,将本端 first commit 和 last commit 版本号返回。

接收到 probe reply 后比较版本号差异,节点进入 STATE_SYNCHRONIZING 状态,如果本节点 last commit 版本号小于对端 first version,则需要从对端节点做全量数据同步。如果本节点的 last commit 和对端的 last version 之间只差 paxos_max_join_drift,则进行差异数据同步。同步数据为 Paxos 数据。

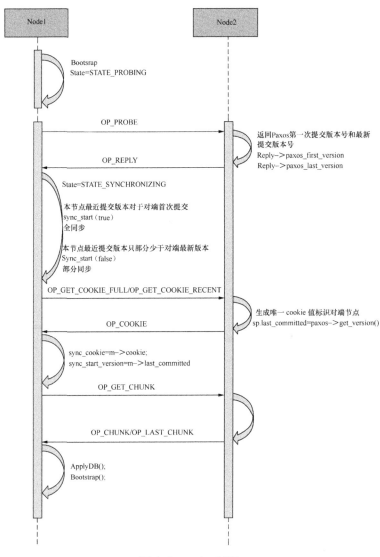

图 4-8　probe 过程

◆ 选举过程（见图 4-9）

完成同步后，如果回复数超过节点数一半就开始选举，节点进入 STATE_ELECTING 状态。先广播 OP_PROPOSE 消息，对端接收到消息，如果发现自身 rank 值大于发送端 rank 值，则回复 OP_ACK 消息。这样的话，rank 值最小的节点会收到最多的 ack 消息，如果收到的 ack 消息数与当前活动节点数相同，则本端节点成为 Leader，然后再通知各个节点本端胜出，其他节点将成为 peon。

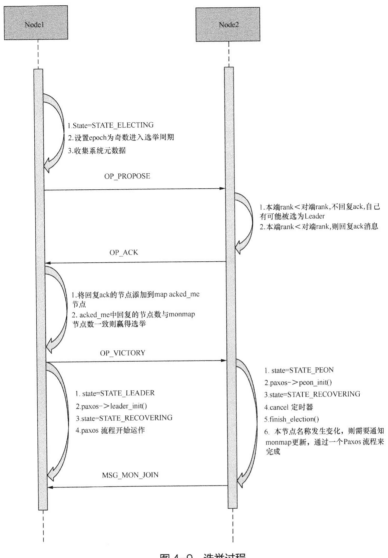

图 4-9　选举过程

◆ Recovery 过程（见图 4-10）

确定 Leader 和 peon 后，需要做提案的 Recovery。做 Recovery 的目的是为了使集群保留相同的 Accept_pn 号，并且提交上次未完成的提案。

Recovery 过程是先执行 collect( )，收集 Leader 节点 pending_v 未完成的版本号和 pending_pn 未完成的提案号以及相关数据 uncommitted_value，同时生成新 Pn，然后 Leader 节点再向集群中其他 peon 节点发送 collect 消息。Peon 收到 collect 请求，如果 peno 的提案号小于 Leader 提案号，则更新 peno 的提案号；如果 peno 存在 uncommit_value 且版本号大于 Leader 的 last_commited，则将 uncommit_value 发回 Leader 节点。Leader 收到消息，发现 peon 的 Accepted_pn 号较大，则继续执行 collect( )，直到 peno 与 Leader 的 Accepted_pn 号相同。当所有节点的 Pn 都一致了，而且也还存在 uncommitted 的提案，则完成提交 begin(uncommitted_value)。如果没有未提交提案或者提案提交完成，就更新租约 extend_lease( )。

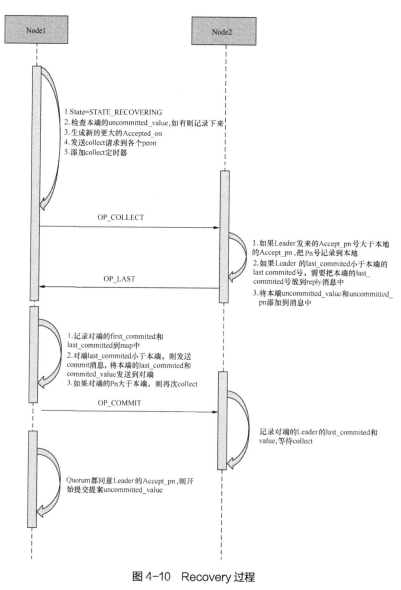

图 4-10　Recovery 过程

◆ 提案提交过程（见图 4-11）

Monitor 中实现 Paxos 的提交过程是由 begin() 来完成的。Leader 首先更新自己的 pending_v 和 pending_pn，然后发送 OP_BEGIN 消息到所有的 peon 节点。如果 peon 的 Accept_pn 号小于 leader 发送的，则接受这个提案，将数据保存到本地，并且回复 OP_ACCEPT 消息。Leader 收到的 Accept 的个数等于集群的 Quorum，则将提案提交到 Leader 本地，并且通知各个 peon 去完成 commit 操作，同时更新租约 extend_lease()。更新租约后，Leader 和 peon 之间会有个定时任务，Leader 会默认每 3s 更新一次租约，超时 10s 则会重新选举。若 peon 同样没有收到 lease 消息，超过 10s 也会重新选举。

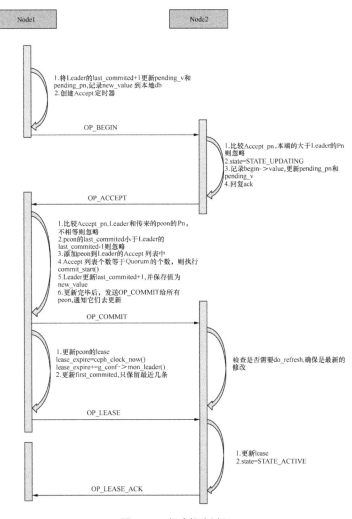

图 4-11 提案提交过程

可以看到，Monitor 启动经历了 probe、sync 数据、选举、Recovery 过程，其中 Recovery 涉及了提案的提交动作，后续所有的 Monitor 的提案提交都是通过 begin() 完成的。这里来看，Paxos 的第一阶段就是在 bootstrap() 里完成的，后续提案提交直接可以通过 Leader 发给 peon 来完成，符合 multi-paxos 的描述。

4.1.4 小结

Monitor 负责为 RADOS 集群提供包括鉴权、授权、设备（OSD、主机等）管理、日志管理、告警管理等在内的一众集群管理服务。同时，通过与集群中所有的 OSD 建立联系并周期性地交互和传播 OSD 状态信息，Monitor 能够提供可信赖和可扩展的集群状态监控服务。为了避免单点故障，也为了避免在集群规模较大时存在明显的处理瓶颈，Monitor 采用多活（负荷分担）方式进行工作，并基于 Paxos 算法保障自身的高可靠性和分布式一致性。

(4.2) OSD

4.2.1 单机存储引擎

1. BlueStore

（1）BlueStore 简介

Ceph 后端存储（Object Storage）支持多种存储引擎，如 FileStore、KVStore、MemStore、BlueStore、SeaStore(Crimson-OSD)等，Ceph 当前默认使用 BlueStore。Ceph 早期版本默认使用 FileStore，因其在写数据前需先写 journal，存在一倍的写放大，且由于其时代背景，FileStore 针对机械盘进行设计，对高速固态盘（SSD）未做优化处理。近年来，SSD/NVMe 在存储领域的大规模使用让 FileStore 的缺陷越来越突出，而 BlueStore 则因其对 SSD 的针对性优化设计而替代 FileStore 走向历史舞台。

BlueStore 的设计之初即考虑解决写放大问题，同时针对 SSD 进行优化，由 FileStore 的通过 Linux 文件系统操纵裸设备改进为跳过文件系统直接对裸设备接管，进而减少了 ext4/xfs 等文件系统带来的开销。BlueStore 通过 Allocator 进行裸设备空间管理，进而将数据持久化至裸设备空间。元数据信息保存在 kv 数据库中，当前 kv 数据库默认使用

rocksdb。rocksdb 基于 LevelDB 改造来改，保留了 SST 文件相关管理逻辑，将 SST 分层存储。rocksdb 无法直接操作裸设备，而是通过抽象接口 Env 进行，Ceph 中的 bluefs 实现了一个精简的文件系统，为 rocksdb 提供操作裸设备相关接口，bluefs 可通过调用块设备驱动将数据和日志持久化。

如图 4-12 所示，BlueStore 的主要部件有 Allocator、rocksdb、bluefs，其中 Allocator 管理磁盘空间，bluefs 服务于 rocksdb。BlueStore 将用户的业务数据通过块设备驱动直接持久化至裸设备或元数据和日志数据都使用 rocksdb 进行管理，使用 bluefs 持久化。

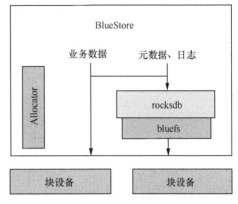

图 4-12　BlueStore 整体架构

接下来分别就 BlueStore 的 I/O pattern、BlueStore 写空间放大和 rocksdb compaction 相关机制展开介绍，以期对 BlueStore 的存储模式有个整体认知。

（2）BlueStore I/O pattern

上一节介绍了 BlueStore 的整体架构，了解到 BlueStore 的数据可直接通过块设备驱动落盘，亦可通过 rocksdb 将元数据落盘。那么什么数据直接落盘，什么数据需要通过 rocksdb 落盘呢？一个简单的回答是，用户业务数据直接落盘，元数据和日志数据通过 rocksdb 落盘，但实际是否这样呢？

BlueStore 在实际部署中，可配置 3 个不同的 path，即 block path、wal path、db path，各个 path 可配置为使用裸设备、文件、磁盘分区等。BlueStore 将用户业务数据写在 block path 对应磁盘（或文件）中，将日志信息写入 wal path 对应磁盘中，将元数据写入 db path 对应磁盘中。在日志、元数据和业务数据对写入速度的要求方面，日志大于元数据，元数据大于业务数据，故 block path 常用"低速盘"，如 HDD；db path 对应"高速盘"，如 SSD；wal path 对应"高速盘"或"超高速盘"，一般使用 SATA/SAS SSD 或 NVMe SSD。

现在我们通过实验来验证一下刚开始提的问题。首先将 BlueStore 的 block path 部署在 HDD 裸盘上，wal path 和 db path 使用 SSD 裸盘，然后使用 RADOS put 对 BlueStore 制造不同块大小的写负载，观察统计使用不同块大小期间各磁盘的 I/O 大小和总量，即从裸设备 I/O 接收角度观察 BlueStore I/O pattern，如表 4-1 所示。

表 4-1　BlueStore I/O pattern

I/O 大小	block			wal		db
	I/O 数量	I/O 大小	I/O 数量	I/O 大小	I/O 数量	
4KB	0	0	2	4KB+8KB	0	
16KB	0	0	2	4KB+20KB（32KB）	0	
64KB	1	64KB	2	4KB×2	0	
72KB	1	64KB	2	4KB+8KB	0	
128KB	1	128KB	2	4KB+8KB	0	
256KB	1	256KB	2	4KB+8KB	0	
512KB	2	256KB×2	2	4KB×2	0	
1MB	4	256KB×4	2	4KB×2	0	
2MB	8	256KB×8	2	4KB+8KB	0	
4MB	17	256KB×15+128KB×2	2	4KB+12KB	0	
8MB	32	256KB×32	4	4KB×2+8KB+16KB	0	

从测试结果可以看到，在测试小 I/O 时 block path 的磁盘上无 I/O，测试大 I/O 时才有；而 wal path 对应磁盘始终有 I/O，db path 磁盘上始终无 I/O。接下来解释造成上述测试结果的原因。从上一节的 BlueStore 架构图中可知，BlueStore 处理的数据主要有 3 类：用户业务数据、元数据、日志数据。其中，业务数据主要写入 block path 磁盘，元数据和日志数据则通过 rocksdb 落盘，最终持久化在 db path 磁盘上，因此造成 block path 试验结果的原因为业务数据的写入模式，而 wal/db path 磁盘的写入现象则由元数据、日志数据的写入模式造成。

首先解释 block path 的磁盘现象。BlueStore 在处理业务数据时，为了提高小文件性能，并没有将所有块大小的数据都直接持久化落盘，而是将小 I/O 与元数据合并写入 RocksDB 中，之后异步地把数据搬到实际落盘位置。这个 I/O 大小的临界值为 bluestore_min_alloc_size，默认为 64KB。对于大于 min_alloc_size 的 I/O，BlueStore 将其直接落盘，此流程被称为 big write；对于小于 min_alloc_size 的 I/O，写入 rocksdb，此流程被称为 small write。对于大于 min_alloc_size 但未对齐 64KB 的部分亦走 small write 流程，如上述试验的 72KB 写入，block path 仅有个 64KB I/O，剩余 8KB 通过 small write 写入 rocksdb。至此，block path 无 4KB、16KB 大小 I/O 原因已明确。通过实验结果可知，block path 最大 I/O SIZE 为 256KB。这是因为 BlueStore 调用块驱动时，一个 I/O 一次最多可跨 512 个磁盘扇区，每个扇区 512 字节，故块设备驱动一次最多可写 256KB。这可通过一个简单的时延验证，使用 RADOS put 向存储池上传一个 4MB 对象，期间使用 blkparse 跟踪 block path

磁盘上 I/O 操作磁盘扇区编号，结果如下。

```
# less bls.data.ws.4m | grep C
66224 1 97 0.002976690 0 C WS 10240 + 512 [0]
66224 1 98 0.005818563 0 C WS 10752 + 512 [0]
66224 1 99 0.005835986 0 C WS 11264 + 512 [0]
66224 1 100 0.005838339 0 C WS 11776 + 512 [0]
66224 1 101 0.005843982 0 C WS 12288 + 512 [0]
66224 1 102 0.009257379 0 C WS 12800 + 512 [0]
66224 1 103 0.009273561 0 C WS 13312 + 512 [0]
66224 1 104 0.009276277 0 C WS 13824 + 512 [0]
66224 1 105 0.009282011 0 C WS 14336 + 512 [0]
66224 1 106 0.010332156 0 C WS 14848 + 512 [0]
66224 1 107 0.016143296 0 C WS 15360 + 512 [0]
66224 1 108 0.017064421 0 C WS 15872 + 512 [0]
66224 1 109 0.017986140 0 C WS 16384 + 512 [0]
66224 1 110 0.019468630 0 C WS 16896 + 512 [0]
66224 1 111 0.020387031 0 C WS 17408 + 512 [0]
66224 1 112 0.021308386 0 C WS 17920 + 512 [0]
66224 1 117 0.032152732 0 C WS 0 [0]
Reads Completed: 1 0KiB Writes Completed: 17 4096KiB
```

此结果中倒数第二列为 I/O 操作的起始扇区编号，最后一列的 "+512" 表示此次操作涉及的扇区个数。可见一个 4MB 对象的写请求，在块设备上被切分为 16 个 I/O，每个 I/O 均跨越 512 个扇区。此外，通过观察 16 个起始扇区可知对大块 I/O 在磁盘上持久化时是顺序进行的。

在实验结果中，不管制造负载的 I/O 大小多少，wal 均有两个 I/O，此为 rocksdb 的写数据机制，不管是写数据（small write 部分）还是写元数据，rocksdb 均先通过 wal 将数据写入日志文件，再将数据 / 元数据写入内存即可向客户端返回写入完成，故 wal 总有 I/O。

rocksdb 在写数据、元数据时总是先写入内存（memtable）中，当 memtable 写满后再下刷至磁盘进行持久化，故当仅制造小量写负载并未触发内存下刷时，观察到的 db path 写 I/O 为零，此部分在后续小节中会详细介绍，此处仅简单说明原因。

BlueStore 读流程相对简单，大块直接从 block path 读取，小块先从读 rocksdb 的 memtable 中获取，读不到则从 db path 对应的磁盘中查找目标数据。

（3）BlueStore 空间放大

在 BlueStore 中，原始分区以 bluestore_min_alloc_size 的块进行分配和管理。默认情

况下，bluestore_min_alloc_size 对于 HDD 是 64KB，对于 SSD 是 4KB。当 BlueStore 分配的块未被写满就已经需要持久化落盘时，BlueStore 会将在结尾处用零填满，这会导致磁盘放大。如写一个 4KB 的对象至 BlueStore，BlueStore 从磁盘申请 64KB 空间，但使用时仅用了 4KB，剩余 60KB 用零填充，故存在 60KB 的空间放大。空间放大在存储池使用纠删池时表现更明显，接下来就副本池和纠删池两种场景分析因 BlueStore 空间放大带来的影响。

分别创建单副本存储和 k=10、m=3 的纠删池，使用 RADOS put 向存储池中上传不同大小的对象，使用 ceph df 查看存储容量使用情况。

```
# ./bin/ceph df
RAW STORAGE:
CLASS SIZE AVAIL USED RAW USED %RAW USED
hdd 293 TiB 288 TiB 4.7 TiB 4.7 TiB 1.60
TOTAL 293 TiB 288 TiB 4.7 TiB 4.7 TiB 1.60

POOLS:
POOL ID STORED OBJECTS USED %USED MAX AVAIL
onestnode9-16 16 211 GiB 1.51M 211 GiB 2.28 8.8 TiB
```

ceph df 输出中，stored 表示向块设备发起的持久化数据量，used 表示存储池实际上向块设备申请并使用的磁盘空间大小。在测试中，对单副本上传大小为 4KB/32KB/64KB/100KB/128KB/130KB/1MB/4MB 大小的对象，测试数据汇总如表 4-2 所示。

表 4-2　测试数据汇总

对象大小	stored	used
1MB	1MB	1MB
4KB	4KB	64KB
4MB	4MB	4MB
32KB	32KB	64KB
64KB	64kB	64KB
100KB	100KB	128KB
128KB	128KB	128KB
130KB	130KB	192KB

从测试结果来看，对非 64KB 对齐的对象，存在空间放大，对 64KB 对齐的对象不存在空间放大。而对于三副本存储池而言，因一个对象分别存储在 3 个 OSD 上，空间放大是

单副本的 3 倍，测试结果如表 4-3 所示。

表 4-3　副本场景测试结果分析

对象大小	stored	used
4KB	4KB	192KB
64KB	64KB	192KB
1MB	1MB	3MB

单副本存储池空间放大和 BlueStore 空间放大一致，也较容易分析。接下来我们分析纠删池情况。对纠删池分别上传 4KB/64KB/1MB/40MB 大小的对象，测试结果如表 4-4 所示。

表 4-4　纠删码场景测试结果分析

对象大小	stored	used
4KB	40KB	832KB
64KB	80KB	832KB
1MB	1MB	1.6MB
40MB	40MB	52MB

可见纠删池空间放大和 BlueStore 不再一致，这是由纠删池本身的对象管理机制造成的。纠删池在创建时除指定 K/M 外，还需指定 stripe unit，即条带单元。纠删池对象落盘时，先根据 K 个数据块使用纠删码算法计算出 M 个校验块，然后将 $K+M$ 个数据块进行落盘。根据 K 个数据计算 M 个校验块的过程被称为编码过程。纠删池对象经编码落盘后，stored 为编码数据量总和，used 为总占用磁盘空间。

纠删池对象编码时，并不是直接将对象切分成 K 份进行编码，每次编码数据量受 stripe_width 控制。若对象小于 stripe_width，则直接进行切分并编码；若对象大于 stripe_width，不再直接将对象切分为 K 份，而是将对象按 stripe_width 进行切分，再将 stripe_width 切分成 K 份，然后对 stripe_width 的数据量进行编码。

stripe_width 的计算公式为：stripe_width = stripe_uint × data chunks，stripe_uint 默认为 4KB，data chunks 为纠删池数据块个数，即 K。上述测试中，存储池纠删码率为 $k=10$、$m=3$，stripe_unit 采用默认值，故 stripe_width 为 40KB。以 64KB 编码过程为例说明，分两次编码（40KB +24KB）。ceph df 中 stored 记录对象编码总数据量，且以 stripe_width 为单元统计，故 64KB 编码后 stored = 40KB + 40KB（24KB 放大）。落盘阶段，将编码阶段生成的数据块和校验块写入 Object Store 条带中。使用 BlueStore 的 Object Store 时，每次操作申请 64KB 空间，故 10+3 存储池申请 13 × 64KB = 832KB 空间，并

将其条带化为 16 个条带。

在 64KB 落盘时，前 40KB 编码后产生 13 × 4KB 数据落盘至第一个条带中，后 24KB 数据编码后产生 13×2.4KB 数据落盘至第二个条带中，故最终占用空间仍为 832KB。同理，1MB 对象编码阶段共进行 26 次，25 × 40KB + 24KB，stored 为 1040KB。落盘阶段前 16 次编码后，数据落盘将首次申请的 832KB 空间全部填满，后 10 次编码后，数据依次条带化落盘至第二个申请的 832KB 空间内，如图 4-13 所示。

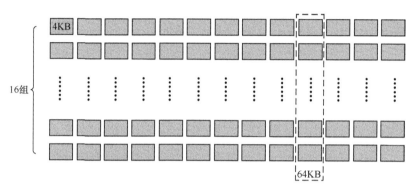

图 4-13　BlueStore 数据落盘

可见，BlueStore 空间放大对纠删池而言更严重，但如果保证每次落盘均将 BlueStore 申请的空间写满，可大幅避免空间放大，将 HDD 的 bluestore_min_alloc_size 调整为 4KB，可有效避免小 I/O 带来的空间放大。

（4）rocksdb compaction

rocksdb 的文件主要分 3 类：memtable、日志文件以及 SST 文件。

Memtable 为常驻内存，用于在数据被刷送到 SST 前保存数据。Memtable 可以提供读或写功能：当数据写入 rocksdb 时，总是先被插入 memtable，再被异步刷到 SST 文件中；读取数据时，优先从 memtable 中进行读取，如果不存在，再从 SST 文件中进行读取。当一个 memtable 被写满时，它就变成了 immutable memtable。Immutable memtable 只能读，不可写，后台进程会按照一定策略将 immutable memtable 中的内容写到 SST 文件中进行持久化。memtable 底层使用了一种跳表数据结构，这种数据结构效率可以比拟二叉查找树，绝大多数操作的时间复杂度为 O(log n)。这解释了 "BlueStore I/O pattern" 小节中 db path 磁盘无 I/O 的原因。

rocksdb 的每次更新操作，除了更新内存中的 memtable 之外，还需要更新 WAL（Write Head Log）。当发生故障时，由于内存中的 memtable 是未持久化的，会丢失数据，此时可以利用 WAL 来进行恢复。

SST 用于持久化存储 rocksdb 的数据。rocksdb 是继承于 LevelDB 的,其 SST 文件组织与 LevelDB 相同,会划分为不同的 Level,如图 4-14 所示。Level 0(L0) 的 SST 文件由 memtable 直接产生。其他层次的 SST 文件则由其上一层文件在 compaction 过程中归并产生。除了 Level 0 的 SST 文件之外,其他 Level 的数据都按序存放在不同的 SST 文件中,而 Level 0 中的各个 SST 文件间会存在数据重叠。

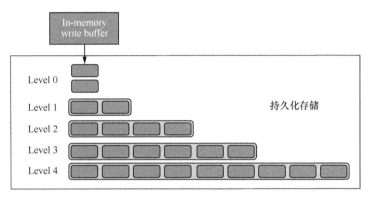

图 4-14 rocksdb 层级示意

rocksdb 的 compaction 可以分为 minor compaction 及 major compaction。Minor compaction 指 的 是 immutable memtable 被 写 入 L0 的 过 程,major compaction 则 是 Level 间的合并操作。

接下来对 major compaction 过程进行介绍。rocksdb 对文件的操作均为追加写,在 memtable 中将所有操作均进行记录,故 L0 中可能记录同一文件的 put、delete 等操作。在将 L0 compact 至 L1 过程中,将 Key 相同的操作合并,以后各层压缩机制相同,均为读取后将 Key 相同的内容合并。

rocksdb 各 Level 大小不同,总体来说,层级越高的 Level 可用空间越大,但每个 Level 中的文件的总大小都有一个限制,也就是 target size。当某个 Level 中的文件总大小超过该值时,就会触发该 Level 的 compaction。

◆ 如果 level_compaction_dynamic_level_bytes 为 false,则各 Level 的 target size 按照如下方法计算。

L0/L1 的 target size 为 max_bytes_for_level_base ;

$Target\_Size(Ln+1) = Target\_Size(Ln) \times max\_bytes\_for\_level\_multiplier \times max\_$

bytes_for_level_multiplier_additional[n]

其中，max_bytes_for_level_multiplier_additional[n] 中的值默认都为 1。

举个例子，如果

max_bytes_for_level_base = 262144(默认)，

max_bytes_for_level_multiplier = 10(默认)，

max_bytes_for_level_multiplier_additional = 1，

那么，L1、L2、L3 以及 L4 的 size 分别为 256 MB、2560 MB、25600 MB 和 256000 MB。

◆ 如果 level_compaction_dynamic_level_bytes 为 true，那么各 Level 的 target size 按照如下方法计算。

最后一层 Level 的 target size 就是该层文件的实际大小。

对于其他 Level，

Target_Size(Ln–1) = Target_Size(Ln) / max_bytes_for_level_multiplier。

如果某一层 Level 的 target size 计算得到的值小于 max_bytes_for_level_base / max_bytes_for_level_multiplier，则该层 Level 的 target size 即为 0。L0 进行 compaction 时，将直接跳过这些 Level。

举个例子，如果

max_bytes_for_level_base = 1GB，

num_levels=6，

并且最后一层的文件大小为 276GB，那么 L1 ~ L6 的 target size 分别为 0、0、0.276 GB、2.76 GB、27.6 GB 以及 276 GB。

rocksdb 将 SST 文件持久化至 db path，故 db path 空间大小需满足各 Level 的需求。rocksdb 在将某 Level 持久化时首先计算 db path 的剩余空间是否满足该层全部空间的需求，否则将该层放在慢盘上 (block 所在盘)。上述非动态计算各层大小的例子中，若将 L3 放在高速设备上，则 db path 至少满足 L0 + L1 + L2 + L3 + L4 = 256MB + 256MB + 2560MB + 25600MB，共需 28GB 左右，且 db path 不应该比 28GB 大太多，否则会造成空间浪费。如为 db path 分配 100GB，则 L3 需使用 28GB 左右，剩余 72GB 不足 L4 使用，L4 会被放在慢设备上，此 72GB 的空间中绝大部分会处于不被使用状态。

至此，关于 BlueStore I/O pattern、BlueStore 空间放大及 rocksdb 文件存储机制及空间管理的介绍已完成。BlueStore 作为新一代后端存储引擎，在未来全闪存储及高性能存储中的优势会愈加明显。

2. Crimson-OSD

OSD 原生的架构是很多年前构建的，虽然它也在不断发展，比如引入新的 BlueStore 存储引擎解决 FileStore 的日志双写的问题以提升性能，但是在 Nvme SSD、Intel Optane 等超高速硬件逐渐普及的趋势下，原有的架构在性能上已经遇到了瓶颈，在可见的将来已经无法适应用户对于性能的需求。Crimson-OSD 的规划正是为了解决此问题，通过引入 SeaStar 高性能开发框架，并更好地使用 SPDK、DPDK 等内核旁路（Kernel-bypass）技术，Crimson-OSD 可解决多核 CPU 利用率、网络栈 / 存储栈上的性能瓶颈等问题。社区对于 Crimson-OSD 的开发仍然处于非常早期的阶段，目前还没有一个完整的原型实现，不过从长期看，Crimson-OSD 将是 Ceph 单机存储引擎必然的发展趋势。

4.2.2 网络通信机制

作为分布式存储系统，Msg（src/msg）模块可谓是 Ceph 的基石之一，Ceph 发展到 Luminous 版本，已经支持 3 大通信机制：simple、async 和 xio，其中 simple 历史最为悠久，是 Ceph 最早的通信模块，原理简单但性能较差；async 作为后起之秀，优良的性能使其自 Luminous 版本开始已经作为了缺省 msg 方案；xio 拥有众多实验特性，目前离生产环境还有很大的差距。

Ceph 的通信模块有以下几个抽象。

◆ Messenger 用于在最高层次管理所有通信，通常包括通信策略，工作线程等；

◆ Connection 表示对一个连接的抽象，经常会设计一个状态机来供上层管理该 Connection；

◆ Message 是对消息的封装，通常包含 "Header + Data + Checking" 几部分；

◆ Stack 负责实现真实的通信，比如 TCP/IP 协议栈、RDMA 协议栈、DPDK 协议栈。

以此为基础，Ceph Msg 框架就显得十分清晰，下面就是 async 机制核心的封装：AsyncMessenger、Processor、AsyncConnection、NetworkStack、Worker、EventCenter。本小节将逐个讨论这些角色。

Msg 模块可以分为 3 个层次：async/simple/xio + Generic NetworkStack + Specific NetworkStack，上层将 "通信机制" 抽象出来，下层聚焦于协议栈，包括硬件无关的部分以及硬件相关的部分，比如 RDMAStack 针对配置了 IB 卡的存储节点，DPDKStack 用于使用 X86 DPDK 技术的存储节点，而 PosixStack 则是 Linux 原生的 Socket 通信接口。接下来以 async+POSIX 为例讲解 Ceph 消息通信机制的具体实现细节。

1. AsyncMessenger

AsynMessenger 类继承 Messenger:class AsyncMessenger:public SimplePolicy Messenger:public Messenger，SimplePolicyMessenger 是和"连接策略"相关的类。AsyncMessenger 作为整个通信模块的核心和中转，不论是作为底层通信的 NetworkStack，还是作为连接的抽象的 Connection，抑或是处理对端连接请求的 Processor，都要围着它转。以 OSD 进程为例（src/ceph_osd.cc），整个 OSD 进程会启动 6 个 Messenger 实例：ms_publicms_cluster、ms_hb_back_client、ms_hb_front_client、ms_hb_back_server、ms_hb_front_server、ms_objecter，这 6 个 Messenger 分别用来处理不同类型的消息。因此一个进程内可以有多个 Messenger 实例，但如果 public/cluster 均为 POSIX，则该进程内只有一个 NetworkStack 实例。

下面来看一下，AsyncMessenger 是如何完成 bind+listen+accept 这一系列 socket 标准动作的。

AsyncMessenger::bind() 会调用 Processor::bind() 创建 socket 监听所需的 listen fd，默认情况下 Processor 会尝试从 ms_bind_port_min（6800）到 ms_bind_port_max（7300）端口号依次尝试绑定，然后 AsyncMessenger::ready() 再调用 Processor::start()，将 fd 加入 epoll 的监听列表中。如此一来，当有其他组件的连接请求过来时，就会触发 epoll_wait 唤醒，并调用该 listen fd 注册的回调函数，即 Processor::C_processor_accept().do_request()，该回调函数会调用 Processor::accept()，最终 ServerSockImpl 的子类 PosixServerSocketImpl::accept() 会先调用 accept_cloexec()【实际上是对 sokect 编程的系统调用 accept() 的进一步通用封装】创建一个 fd，并将该 fd 作为成员变量封装到 PosixConnectedSocketImpl 对象中，PosixConnectedSocketImpl 对象也会作为成员变量封装到 ConnectedSocket 对象中。接下来 Processor::accept() 会调用 AsyncMessenger::add_accept() 创建一个连接 AsyncConnection，并把刚才创建好的 ConnectedSocket 对象作为成员变量传进去。然后调用 AsyncConnection 的 accept()，将 ConnectedSocket 对象作为成员变量，将 state 的值置为 STATE_ACCEPTING，并将 reader_handler 作为 external event 交给 Worker，做一次外部事件的处理。该 read_handler 会执行 C_handle_read::do_request()，也就是 AsyncConnection::process()，AsyncConnection::process() 检查到目前 AsyncConnection 的 state 已经是 STATE_

ACCEPTING，会通过调用 EventCenter::create_file_event() 将刚才通过 accept 创建的 fd 作为 EVENT_READABLE 事件加入 file events 中，并将 state 置为 STATE_CONNECTION_ESTABLISHED，开始监听并接收消息。

建立连接之后，再来看一下如何进行读写。

该 accept fd 上的读事件会再次触发 read handler，走 STATE_CONNECTION_ESTABLISHED 分支，通过 read() 进行处理。

2. Processor

Processor 是让进程可以像 Server 一样被动接收连接的一个抽象，Processor 的主要任务负责"监听"并"接收"来自其他进程的 sokect 连接请求，针对 AsyncMessenger 这种类型的 Messenger，一个 Messenger 只会创建一个 Processor 对象。注意，AsyncMessenger 并没有单独创建一个进程用于监听 socket 连接请求，而是复用了 NetworkStack 中的 3 个 Worker 中的 Worker_0，这也是 I/O 多路复用的精华所在。Processor 通常负责"监听"一组端口，在 Processor::start() 中调用 EventCenter::create_file_event()，将监听 fd 都加入 Worker_0 对应的 EverntCenter 中，并将 listen_handler 的回调对象注册为 Processor::C_processor_accept()。后续一旦有连接请求过来，就以 Processor::C_processor_accept 的 do_request() 函数作为入口，生成一个 AsyncConnection 实例，并将其加入到 AsyncMessenger 管理的 accepting_conns 列表中，这些本质上还是我们熟悉的 socket 编程 +I/O 多路复用。刚才提到，Worker_0 负责处理一个 OSD 进程中所有 Processor 发给它的监听任务，其实 Worker 0 不仅仅是用作 Processor 的处理线程，Worker_0 还需要和 Worker_1、Worker_2 一样处理交给它的其他 epoll 任务。

3. AsyncConnection

一个 Connection 实例代表任意两个 Ceph Node 之间的连接，建立了连接之后的两个端点之间可以传送 / 接收封包。AsyncConnection 作为 Connection 的子类，其中封装了一个连接状态机、上下文以及基于该 AsyncConnection 的读写方法。

4. NetworkStack

NetworkStack 是 Stack 的抽象层，主要的作用是接收 AsyncMessenger 层的请求，并将其转化成特定的 NetworkStack 子类方法（RDMAStack、DPDKStack、

PosixNetworkStack ）。

在 NetworkStack 的构造函数中会做一些 Worker 的初始化工作，之后在 Network Stack::start() 会启动这 3 个 Worker 线程，NetworkStack 中的 Worker 用来保存这 3 个 Worker 线程，其主要工作就是循环执行 EventCenter::process_events() 处理事件。具体来说，Worker 线程的入口函数是 spawn_worker 里的 func，也就是 NetworkStack::add_thread() 返回的这个 lambda 函数。启动线程的时候，每个 Worker 都会创建一个 Epoll 监听（Ceph 使用基于事件通知的异步网络 I/O 方式来实现，比如 epoll 和 kqueue，Linux 中默认使用的是 epoll）。到这里，Worker 就开始在 EventCenter::process_events() 的 event_wait() 系统调用中等待并处理事件了。

5. Worker

在 NetworkStack 实例被构造的同时，还会构造一组 Worker 供关联于它的 AsyncMessenger 使用。类似，这组 Worker 也会被实例化出不同的子类，比如 RDMAWorker。

6. EventCenter

Event 封装了基于 I/O 多路复用事件的处理方法，整个 Event 框架主要由 EventCallback、EventCenter、EventDriver 组成。

EventCallBack 是一个回调的抽象，所有 Event 的回调都要继承 EventCallBack，并实现其中的 do_request 虚函数。

EventDriver 是底层 I/O 多路复用方法的具体实现，主要有 add_event()/del_event()/event_wait() 等方法，其本质还是对 epoll、select、kqueue 等系统调用方法的进一步封装。

EventCenter 是一个 Worker 所管理的所有 Event 的集合。

Ceph 的 AsyncMessenger 模块将异步事件分为以下几类。

（1）file events

file events 事件通常与特定的 fd 绑定，通过 epoll 系统调用实现事件的监听处理，通过 ad_file_event 加入 epoll 监听队列之后，可以长期进行监听，其核心结构是 EventCenter::file_event，该 vector 以 fd 为索引封装了一组 file events 实例，每个 file events 实例都包含 handler:readcb，用于处理 fd 可读，包含 handler:writecb，用于处理 fd 可写。系统通过 crcate_file_event() 将 fd 及其 handler 注册到 file events。最终，所有

的 file events 注册的 fd 都会通过 epoll_ctl() 注册到内核，并通过在 Worker 中调用 epoll_wait() 来持续监听来自该 fd 上的异步 I/O。

（2）external events

external events 是任意一个 EventCallback 实例，通过 dispatch_event_external() 注册到 EventCenter::external events 中，并唤醒 Worker 去执行该实例中的 do_request() 方法。

这里，external events 依赖于 file events 实现了 Worker 线程的唤醒，通过将一个专用 pipe 的读端 notify_receive_fd 注册为 file events。NetworkStack::add_thread() 启动 3 个 Worker 之前，先调用 EventCenter::set_owner() 将 notify_receive_fd 加入 epoll 队列中。如果其他线程想让 Worker 处理一个 external events，就可以调用 dispatch_event_external() 将相应的 EventCallback 实例插入 EventCenter::External_events 队尾，再通过 EventCenter::wakeup() 向该 pipe 中的写端 notify_send_fd 写入约定的字符 "c"，就能把 EventDriver 从 wait 中唤醒。Worker 工作线程首先会回调发生事件的 notify_receive_fd 的 readcb，该 cb 只是将在写端写入的字符 "c" 读出并清空，无实际意义。之后，Worker 会将 external events 中的事件回调全部执行一遍，并将其从队列中清除。对比 external events 和 file events 可以发现，external events 通常与 fd 无关，且仅执行一次，如果希望再次触发该事件，需要将该 EventCallback 重新插入 EventCenter::external_events 中，唤醒 Worker 去执行。

（3）timer events

与 external events 类似，timer events 也是任意一个 EventCallback 实例，通过 create_time_event() 创建。定时时间和回调函数保存在 timer events 中，并注册到 EventCenter::time_events 中，同时以递增 ID 为序，注册到 event_map 中，方便后续查找 / 删除等操作，并会在设定的超时时间到来之时，将 Worker 从 wait 中唤醒，并逐个检查所有 timer events 的当前时间戳是否超过了定时时间，执行相应的回调。

（4）Pollers

主要针对 DPDK 这种非阻塞的轮询场景，调用每个 poolers[i] → poll() 的方法来轮询，这里不做重点展开介绍。

EventCenter 有两个重要的函数，理解这两个函数有助于理解其工作原理。

◆ EventCenter::process_events()

EventCenter::process_events() 函数负责集中处理以上 4 类事件。对前 3 类阻塞型事件来说，event_wait() 的唤醒时机如下。

1）有 file events 事件到来，通过相应 fd 事件的到来唤醒 Worker；

2）其他线程有 external events 需要交给 Worker 处理，通过 wakeup() 写管道 fd，Worker 监听到管道读 fd 上的事件并被唤醒；

3）排在队列最前面的 timer events 超时时间到了（最前面的超时时间最靠前，但最长定时时长不超过 30s），通过 event_wait() 实现超时唤醒。

注意，无论以哪种方式唤醒 Worker，都会逐个处理并清空以上事件，并重新进入下一轮阻塞，等待事件的到来。

◆ EventCenter::submit_to()

EventCenter::submit_to() 函数提供了一个接口，允许调用者将相关的任务提交给指定的 Worker，如果 Worker 就是调用者自身，则立即执行。

7. RDMA 协议

在 RDMA 协议中，收发完成（!= 成功），接收消息首先会在 CQ（Completion Queue）中放入 CQE（CQ Entry）来通知上层有事件完成，verbs 标准支持轮询和通知两种机制，Ceph RDMAStack 使用的是轮询机制。

RDMADispatcher::polling 线程不断地调用 ibv_poll_cq() 来轮询事件是否完成。

如果发现一个底层读事件完成，就会通过 conn = get_conn_lockless(response->qp_num) 来获取其 Connection 对象，进而找到其关联的 Worker 和 EventCenter，写 EventCenter 对象的 notify_fd。由于该 fd 已经注册在 file events 中，此举将唤醒 Worker 线程。

EventCenter::Worker 被唤醒后回调 notify_fd 的 readcb，其中核心函数是 AsyncConnection::process()。

AsyncConnection::process() 线程会申请一个 buffer 用于接收收到的数据，这个 buffer 最终会被封装到 bufferlist 中，并会进一步被封装为 Message，供上层使用。

AsyncConnection 本身有一个读缓冲区：recv_buf，AsyncConnection::read_until() 独占该 buffer。until，顾名思义，就是该接口一定会读到想读取的长度。该接口首先试图从 recv_buf 中获取请求的数据，当 recv_buf 已有数据不能满足请求时，就要依情况从底层读取。对于 recv_buf 可以承载的数据长度，会调用底层接口先将 recv_buf 填满，再从中读取所需；对于 recv_buf 承载不了的数据长度，直接从底层获取数据，从底层读取的接口是 read_bulk()。

AsyncConnection::read_bulk() 最终会带着传入的 buffer，层层调用，直到 RDMAStack 中 RDMAConnectedSocketImpl::read() - >Chunk::read() - >memcpy() 将获取的数据填充到为 Message 准备好的 buffer 中。

AsyncConnection::process() 经过层层调用，已为 Message 的构造封装好了数据，接下来就只是构造一个 Message，传入 dispatch_queue，交给上层处理。

4.2.3　流控机制

OSD 除了需要处理 Client I/O 请求外，还需要处理很多诸如 recovery、scrub 等 RADOS 层 I/O 的请求。为避免这些请求与 Client I/O 抢占网络、CPU 等资源影响业务，OSD 提供了很多用于流量控制的机制，包括 I/O 处理模型、Messenger 层 throttle、BlueStore 层 throttle，以及产生 I/O 的 RADOS 层机制自身提供的流量限制等手段。

OSD 使用了一种类似优先级队列的业务处理模型，N 版本中默认采用一个混合的加权优先队列 WeightedPriorityQueue。WeightedPriorityQueue 包含 strict Queue 和 normal Queue 两部分，strict Queue 中的 I/O 严格按照优先级顺序进行处理，其非空的情况下 WeightedPriorityQueue 也总是会优先处理 strict Queue，而 normal Queue 的算法选择需要 pop 的 I/O 时，虽然也是从优先级最高的 I/O 开始，但是综合考虑了优先级和成本、cost，并增加了一部分随机性，宽容度更高。

Ceph 为各种不同类型的 Op 定义了不同的优先级，考虑到实际场景的复杂性，实际实现中的逻辑要灵活一些，像 scrub Op，有时优先级采用 osd_scrub_priority，有时优先级采用 osd_requested_scrub_priority，还有一些非 Client I/O 其实会使用 osd_client_op_priority 来保证自己得到优先处理，见表 4-5。

表 4-5　不同 Op 类型的优先级

不同 Op 类型的优先级配置参数	优先级值
osd_client_op_priority	64
osd_recovery_op_priority	3
osd_peering_op_priority	255
osd_snap_trim_priority	5
osd_pg_delete_priority	5
osd_scrub_priority	5
osd_requested_scrub_priority	120
osd_recovery_priority	5

参数 "osd_op_queue_cut_off" 设置了一个阈值，见表 4-6，I/O 优先级高于此阈值会由 strict Queue 处理，否则由 normal Queue 处理。调整此参数应该慎重，要考虑到 strict Queue 中可能存在的 I/O "饿死" 的情况。

表 4-6　osd_op_queue_cut_off 参数选项

参数可配置值	对应宏 / 值
low	CEPH_MSG_PRIO_LOW/64
high	CEPH_MSG_PRIO_HIGH/196

1. Client Message Throttle

借助 Messenger 的流控机制，OSD 可在 Messenger 层对 Client I/O 的业务请求进行流量控制，相关控制参数如表 4-7 所示。

表 4-7　Client Message Throttle 可选配置参数

OSD Msg 流量控制参数	默认值
osd_client_message_cap	0（无限制）
osd_client_message_size_cap	500MB

2. BlueStore Throttle

BlueStore 层也提供了一些流量控制的手段，用户可以对总 I/O、deferred I/O 进行控制，如表 4-8 所示。

表 4-8　BlueStore Throttle 可选配置参数

控制参数	默认值	说明
bluestore_throttle_bytes	64MB	所有 I/O 字节数限制
bluestore_throttle_deferred_bytes	128MB	deferred I/O 字节数限制

非 Client I/O，诸如数据恢复、scrub 的逻辑中，也提供了很多参数来作为流量控制的手段，本节不再一一赘述。

4.2.4　安全性

一致性检查 Scrub

（1）背景

在分布式系统中，为保证数据的一致性，均选择引入一致性算法实现数据在系统中的最优化分布。一致性 Hash 算法在各分布式系统中使用比较广泛，比如开源存储 GlusterFS 以及 OpenStack 的 Swift 对象存储系统等。

一致性 Hash 算法无法对分布式系统中的数据再分布提供最优化的解决方案，比如对集群规模扩展导致迁移时，一致性 Hash 算法不能提供最优化的迁移方案，以减小对系统的影响。所以 Ceph 存储系统摒弃了一致性 Hash 算法，引入了 CRUSH(Controlled Replication Under Scalable Hashing) 算法，CRUSH 算法主要用于 PG 到 OSD 的映射。

但 CRUSH 算法仅能保证数据写入过程的一致性，无法保证数据写入后持久状态的一致性，至此 Ceph 引入了 Scrub，提供一致性检查。

（2）Scrub 机制

Scrub 机制用于保护 Ceph 集群数据完整性，分为 Scrub 和 Deep Scrub 两种，其中 Scrub 只扫描元数据，保证元数据的完整性；Deep Scrub 扫描元数据和数据，保证元数据和数据的完整性。

Scrub 扫描机制以 PG 为单位，在多副本实现中，Scrub 通过扫描同一个 PG 在不同副本内对象的数据及元数据，计算出数据及元数据的"校验和"scrub map，然后比对同一 PG 在不同副本中的 scrub map，以此来判断对象的完整性。

（3）Scrub 流程

以下内容摘自 Ceph 源码 ceph/src/osd/PG.cc。

```
/*
 * Chunky scrub scrubs objects one chunk at a time with writes blocked for that chunk.
 *
 * The object store is partitioned into chunks which end on hash boundaries.
For each chunk, the following logic is performed:
 *
 *  (1) Block writes on the chunk
 *  (2) Request maps from replicas
 *  (3) Wait for pushes to be applied (after recovery)
 *  (4) Wait for writes to flush on the chunk
 *  (5) Wait for maps from replicas
 *  (6) Compare / repair all scrub maps
 *  (7) Wait for digest updates to apply
 *
 * The primary determines the last update from the subset by walking the
log. If it sees a log entry pertaining to a file in the chunk, it tells the
replicas to wait until that update is applied before building a scrub map.
```

```
Both the primary and replicas will wait for any active pushes to be applied.
 *
 * In contrast to classic_scrub, chunky_scrub is entirely handled by scrub_wq.
 *
 * scrubber.state encodes the current state of the scrub (refer to state
diagram for details).
*/
```

由以上述内容可知：

◆ Ceph OSD 定时启动 Scrub 服务，进行一致性检查；

◆ Scrub 在对 PG 内部分对象进行校验的过程中，被校验对象是不能被修改的，所以首先执行 "Block writes" 阻塞写操作。

◆ Wait for pushes to be applied (after recovery)；Wait for writes to flush on the chunk；Wait for maps from replicas：相同数据写入不同副本 OSD 中，时间上存在时差，OSD 接收到 Scrub 读取校验信息请求后，OSD 在确定待检测对象在不同 OSD 的状态相同后，才返回给调用方校验信息。

（4）Scrub 缺点

不能自动修复错误：Scrub 检查到数据不一致时，不能自动修复错误。Ceph 通过引入 Blueprint 加强 Scrub 的修复能力。

不能解决端到端一致性问题：Scrub 不能实现端到端一致性校验。

（5）端到端一致性校验

端到端一致性校验，是指数据从客户端到数据落盘整个过程中，数据经过每个子过程时都追加一个校验信息，磁盘接收到包含各个子过程的校验信息的数据块后，会重新校验，若校验结果不一致，说明数据在经过部分子过程时出现了 I/O 错误。同样，在从磁盘将数据读取返回给客户端时，客户端也会进行一致性校验，以判断读取数据的正确性。

根据前面的分析，Ceph Scrub 机制没有实现端到端的数据校验，主要是因为 Ceph 只是数据传递的中间子过程，并不是读数据的发起者，也不是数据写操作的终点，若在中间子过程进行数据校验，会严重影响存储系统的性能。

第二篇

实 践 篇

第 5 章

Chapter 5

解决方案

5.1 集群管理与监控

基于 Ceph 开发的软件定义存储产品采用去中心化的分布式架构，通过多副本或者纠删码冗余技术，可以提供高可靠性、高扩展性、高可用性的数据存储服务；同时，厂商也通常会提供统一管理平台，实现集群的快速安装部署、运维以及自动化监控告警，提升产品的可用性和安全性。

本章内容就如何提高存储产品的可靠性这一问题展开，介绍基于 Ceph 分布式存储系统开发产品需要关注的典型存储软、硬件资源监控告警与智能化处理机制。

5.1.1 当前 Ceph 存储系统的故障抵御能力

可靠性、可扩展性、可维护性是分布式存储系统的几个重要评价指标。其中，可靠性是指系统在一定条件下一段时间内维持其服务能力水平的特性，一般通过可靠度、失效率、平均无故障间隔等衡量指标进行评价。在分布式存储系统中，可靠性一般包含存储服务的可靠性，也包含存储数据的可靠性，即对外提供存储服务的水平和数据安全可靠的水平。分布式存储系统各个软、硬件部件的健康与否和系统整体的可靠性息息相关。

在分布式存储系统设计中，通常将容错和自恢复作为首要目标，通过计算或者数据冗余机制，来应对系统中出现的部分失效问题，在存储系统发生局部故障时，仍然保证存储系统中存储的数据不丢失，并且系统整体依然能够正常对外提供服务。

当前的 Ceph 存储系统通常从多个层面来实现高可靠性。架构层面上，通过集群冗余或主备冗余模式确保软件、硬件部件出现故障后系统仍能够提供服务；逻辑层面上，通过管理平面与业务平面分离、存储池隔离等方式实现故障域隔离；物理层面上，通过多副本或者纠删码机制实现数据冗余，基于 "Write All Read One" 的强一致性数据访问，提供跨节点/机柜级别的一致性、完整性数据保护机制，即在出现多个硬盘、节点或者机柜故障时，存储系统也能继续对外正常提供服务。

通过以上方式提供高可靠性的存储产品可以应对绝大多数常见的硬件故障，如磁盘损坏、网络断连、CPU/内存等服务器部件故障，但对于磁盘、网络等硬件亚健康的场景（如磁盘部分扇区损坏，磁盘降速但仍可 I/O 读写；网络时断时续，光模块光衰减，偶发性丢包等），Ceph 存储系统仍需要探索更多的方法加以监控、规避，以提升存储系统自身的健壮性。

5.1.2　亚健康问题

针对不同的故障类型，分布式存储系统采用不同的策略来保障系统的可靠性。分布式存储系统的主要故障类型包括磁盘故障、网络故障和节点故障等，其中磁盘故障和节点故障都会带来存储数据副本丢失的风险，所以通常采用数据冗余技术加以规避；而网络故障会导致存储服务 I/O 失败或者 I/O 超时，此类问题可依赖于存储系统的重试机制来解决。

上述明确的故障类型，虽然对存储系统的风险较大，但 Ceph 已有相关机制来确保集群的可靠性，相比之下，硬件的亚健康状态因难以被发现，对存储集群的影响反而更大。硬件亚健康是指硬件仍可以正常运行但性能低于预期的一种中间状态，设备老化导致的硬件亚健康状态是设备从正常到故障的缓慢变化过程。另外，导致硬件亚健康的原因还包括设备温度、硬件环境、设计缺陷、配置错误等。

Ceph 存储系统采用数据强一致性设计，如果集群中存在任何一处影响一个"Write"操作的硬件亚健康场景，都将拖慢所有相关的"Write"操作的确认动作，进而影响存储集群的 I/O 响应速度，最终导致业务侧超时或者异常中断。

在存储系统中，多种硬件设备都有可能进入亚健康状态，比如磁盘（系统盘、数据盘、缓存盘）、网络（网卡、交换机、光模块）、RAID 卡等。

1. 硬盘亚健康

在存储系统中，磁盘的数量较大、种类较多，而且存放着用户的重要数据，需要快速有效地定位和发现硬盘异常，将故障影响最小化。存储管理系统应对硬盘健康状态进行自检、监控、预测和告警。

存储管理系统通过构建告警监控和告警上报架构完成对磁盘的实时自检、状态采集和告警上报。

可以基于 Graphite 监控组件构建 Ceph 存储集群的监控告警架构，包括 diamond 实时数据收集进程和 carbon 数据汇聚进程。具体来说，每个存储节点通过 diamond 进程对磁盘状态进行数据采集并向主节点上报；主节点上的 carbon 进程收集到每个节点上报的数据，再根据告警阈值的配置进行计算，达到告警阈值则触发告警。

（1）慢盘告警

Diamond 进程捕获到磁盘读写 I/O 的耗时以及这段时间内读写 I/O 数目，计算出读写 I/O 的平均耗时，上报给主节点，主节点抓取计算窗口时间内的读写 I/O 平均耗时筛选计数。

针对机械硬盘，对超过 100ms 的读写 I/O 进行重要级别告警计数，对超过 600ms 的读写 I/O 进行紧急级别告警计数。

针对固态硬盘，对超过 10ms 的读写 I/O 进行重要级别告警计数，对超过 60ms 的读写 I/O 进行紧急级别告警计数。

达到紧急级别告警阈值的读写 I/O 占比超过指定比例时触发紧急级别的慢盘告警；达到重要级别告警阈值的读写 I/O 占比超过指定比例时触发重要级别的慢盘告警。

（2）磁盘 S.M.A.R.T. 检查

Diamond 进程通过硬盘检测工具 smartctl 捕获到磁盘实时的 S.M.A.R.T. 数据，如 Reallocated_Sector_Ct、Reported_Uncorrect、Command_Timeout、Current_Pending_Sector、Uncorrectable_Sector、Temperature_Celsius 等 S.M.A.R.T. 监控项，并将这些实时数据上报到主节点，由主节点根据阈值配置来筛选计数并触发告警。

（3）磁盘故障预测

每个节点根据管理系统提供的磁盘故障预测模型和磁盘每天的 S.M.A.R.T. 数据进行故障预测，并将预测结果通过 Diamond 进程上报到主节点。主节点收集到每个存储节点上报的各个磁盘的故障预测信息，对可能发生故障的硬盘进行定位并触发告警。

（4）磁盘空间使用量监控

由于磁盘空间使用率达到一定程度后会对 Ceph 性能产生影响，所以为了保证业务运行，需要对磁盘容量进行监控告警，以便及时扩容。Diamond 进程获取到 OSD 存储空间的使用情况并上报到主节点。主节点根据阈值配置筛选计数并触发告警。

（5）数据盘自检

每个存储节点会对该节点上的 OSD 启动一个自检进程，周期性地监控系统日志中磁盘的相关监控项，如 "Currently unreadable .* sectors" "Offline uncorrectable sectors" "critical medium error" "I/O error" "critical target error"。检测到这些日志项表明磁盘可能出现问题，需要上报到主节点触发告警。

在检测到以上信息后，可进一步对磁盘进行慢盘检测。如果检测到自检日志中有告警的盘确实是慢盘，且当前集群状态健康，则可尝试启动慢盘隔离操作，将慢盘从集群中踢出（这些操作都可由存储集群的管理系统完成）。

2. 网络亚健康

分布式存储系统针对网络的高可用要求，通过网卡绑定、网络平面分离（集群业务网、存储网分离）等技术实现故障冗余与负载均衡，存储内部网络或内部数据交换网络通过万兆或千兆、IB 网络连接在一起，形成存储节点之间专用的内部网络，负责数据交换和协调。网络（网卡、交换机、光模块等）的亚健康同样会对系统性能产生影响。

存储管理系统针对各类网卡的亚健康场景进行监控、告警和故障切换与隔离，典型的网络亚健康场景包含丢包率高、错包率高、延迟高、频繁闪断、网络降速、交换机侧的故障或者亚健康（如光模块光衰、交换机拥塞）等。

（1）丢包、错包与延迟问题检测

操作系统运行时，文件系统 /proc/net/dev 文件中记录着系统内核关于网卡的实时统计信息，主要包含发送或者接收的字节数、总数据包数、由设备驱动程序检测到的发送或接收错误的总数、设备驱动程序丢弃的数据包总数、FIFO 缓冲区错误的数量、分组帧错误的数量等信息。

存储管理系统通过周期抓取以上实时统计数据，并换算出网卡的读写 I/O、带宽、是否存在丢包、错包等信息。

另外，可通过 ping 操作实现节点间网络丢包和时延的快速检测，在不影响业务的前提下，存储节点可智能地选择其他 3 个对等节点自适应地通过 ICMP 协议进行网络链路检查，识别网络链路丢包和时延异常。当该节点对 3 个对等节点都检查出了链路问题，则触发告警。

（2）网络闪断、降速问题检测

针对闪断问题，存储管理系统周期性地采集网络的链接状态。当达到频繁闪断的判断阈值后，则上报网络闪断的告警。交换机网口协商速率不匹配时，会出现网络降速问题，管理系统周期性地采集当前速率，并与初始化时的正常速率进行比较，当确认发生了网络降速时，上报网络降速的告警。

3. RAID 卡亚健康

RAID 卡上搭载着大量的磁盘，当 RAID 卡发生亚健康时，其上的磁盘 I/O 也会受到影响，同时诸如 xfs_admin 等相关命令的执行也会出现卡顿现象。除了监控硬件告警外，存储管理系统仍会对磁盘文件系统相关的 xfs_admin 命令进行检测，如果连续出现多次 xfs_admin 命令执行卡顿现象，则认定该盘或者其对应的 RAID 卡存在故障，管理系统上报告警。

5.1.3　服务器监控交换机异常

典型的网络亚健康场景包含丢包率高、错包率高、时延高、频繁闪断、网络降速等，上述管理系统的监控设计可以对这些场景进行监控与告警。但当交换机侧故障或者亚健康（如光衰、拥塞等）发生时，往往出现业务抖动，比如在块存储场景下，虚机业务会出现异常甚至宕机等严重问题。此类故障仅在计算侧表现，存储侧并不会有相关的网络亚健康情况被检出，甚至设备侧无法提供准确及时的亚健康报告。

根据交换机侧的故障状态的继发现象进行分析，确认当出现交换机侧故障或者亚健康（如光衰、阻塞）时，典型的现象为存储侧的网络带宽急剧下降。基于这种现象，存储管理系统可以设计存储节点间的可用网络带宽的检测方法，测算出节点间的可用带宽比例，结合集群其他节点的综合情况，确认是否存在异常数据点。如果节点到其他随机选取节点的可用带宽比例急剧下降，则上报"检测到服务器侧的流量异常"的告警，供运维人员进一步排查使用，确认服务器的关联交换机或者端口是否存在故障或者亚健康问题。

1. 节点间的可用网络带宽检测

传统的带宽测试工具，包括 iperf3 等，都依赖于 C/S 架构。测试开始时，需要 Server 端监听指定端口，然后 Client 端再进行指定参数的测试。在大规模部署的存储集群中，无法动态调整 Server/Client 的状态切换。基于这种情况，存储管理系统可以提供一种基于 ICMP 协议的节点间带宽检测方法，在不影响业务的前提下，通过零配置瞬时发送指定数量、特定大小的 ICMP 协议包，以 RTT 时间换算出可用带宽。在存储节点的一次检测中，随机选择其他 3 个节点作为探测目标，如果到其他 3 个节点的节点间可用带宽比例都小于特定阈值，则认定该节点存在可用带宽比例异常的情况，上报管理系统进行综合判断。

2. 网络流量异常节点的准确判断

管理系统获取到大量的节点可用带宽比例数据，如何准确地从这些数据中筛选出问题节点，是一个技术难点。管理系统可以通过对单节点可用带宽比例的历史数据纵向对比，以及节点之间瞬时采集数据的横向对比，来综合评定，确认出异常数据点，并自动上报该节点可能存在网络流量异常的告警信息。

5.1.4　性能管理

存储管理系统提供性能数据查询采集与记录功能，可以实现最近 3 个月的性能数据的查询与展示功能。

性能数据可分为集群级别、存储池级别和存储节点级别几类。

集群性能数据包含集群读 IOPS、集群写 IOPS、集群读带宽（byte/s）、集群写带宽（byte/s），集群读 I/O 时延（ms）和集群写 I/O 时延（ms）。

存储池性能数据包含存储池读 IOPS、存储池写 IOPS、存储池读带宽（byte/s）、存储池写带宽（byte/s），存储池读 I/O 时延（ms）和存储池写 I/O 时延（ms）。

存储节点性能数据包含磁盘、网卡、CPU 和内存性能数据。其中：

磁盘性能数据包含：读 IOPS、写 IOPS、读带宽（byte/s）、写带宽（byte/s）；

网卡性能数据包含：每秒收包数量、每秒发包数量、收带宽（byte/s）、发带宽（byte/s）；

CPU 性能数据包含：IDLE、SYS、USER、IOWAIT、IRQ、SOFTIRQ、NICE 所占百分比；

内存性能数据包含：TOTAL、FREE、BUFFERS、CACHED、SWAPCACHED、SWAPFREE 大小（byte）。

数据采集部分用 Diamond 组件的默认与定制化的采集器实现，存储与展示部分通过 Graphite 组件实现。

5.2 性能与成本

对于存储系统而言，性能与成本就像天平的两端：追风逐电的性能输出必然伴随着高昂的存储成本，而系统成本的节约必然伴随着性能指标的相形见绌。

极低成本、极致性能以及成本性能较为均衡的缓存方案的 3 种需求场景基本可以覆盖绝大多数用户业务应用的需求。

低成本冷存储，业界通常使用高比例纠删码、压缩、SMR 叠瓦式磁盘以及大容量磁盘、大盘位服务器等技术或者方案，以上技术方案通常在对象存储领域使用较多。近年来，存储池休眠技术（磁盘休眠 / 唤醒功能）以及基于蓝光存储等实现的光 / 磁融合存储系统也有了商用案例。

高性能存储，通常使用 NVMe SSD、Optane SSD 等高性能存储介质，配合磁盘多分区构建 Ceph 的 OSD 服务，提升磁盘的性能输出，以上技术方案通常在块存储领域使用较多。

缓存方案在高速的 SSD 存储介质与低速的 HDD 存储介质之间构建起连接，基于缓存方案的存储系统，其成本与性能介于低成本冷存储方案以及高性能存储方案之间。

本节也将简介几类常见的数据智能分层技术，然后就 Bcache 与 Ceph 的融合使用进行一定的展开介绍。

5.2.1 低成本冷存储

这类存储可按照 I/O 的要求，分为不同的存储类别的产品。

◆ Online：I/O 在任何时间直接可用，包括 RAM、SSD 以及磁盘，无论转速；

◆ Nearline：并不直接可用，但是可以在无人工干预的情况下迅速从近线到在线，速度非常快，包括自动磁带库，以及 MAID（massive array of idle disks）的降低转速技术；

◆ Offline：并不直接可用，从离线到在线需要人工干预，比如用 USD、DVD 或者其他可卸载设备。

不同存储类型产品在速度方面的差异如图 5-1 所示。

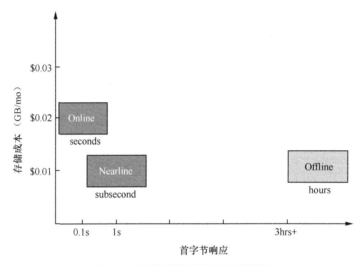

图 5-1 不同存储类型产品的速度差异

与之相匹配的典型数据生命周期如下。

◆ 3 年内数据实时调用：放在热存 Online 对象存储中；

◆ 3 ～ 5 年数据可查：放在冷存 Nearline 对象存储中，数据被激活变成可读的时间暂定为小时级别；

◆ 5 年以上数据可以离线存盘保存，不做可查或者随时调用要求：放在离线 Offline 对象存储中，JBOD 整体下架保存。

1. 冷存储的需求和意义

智能互联网时代，数据正在以几何级的数量爆炸增长，如何存储并管理这些海量数据，是很多企业面临的一个难题。如果采用传统通用型服务器存储策略，就意味着要建设庞大的数据中心系统，导致存储成本极速攀升。

为了存储并且有效地管理这些数据，进一步降低企业存储数据的成本，把不常访问的、较旧的冷数据迁移到专为存储冷数据而设计的低成本存储层中就成了一个热门的课题。

在 2019 年之前，AWS 有单独的冷存储（也就是归档存储）产品线 Glacier，现在 Glacier 已经合并到对象存储产品线中，全称是 AWS S3 Glacier，与 S3 的多个存储类别实现整合。S3 支持完整的数据生命周期管理功能，这个功能同样覆盖了 Glacier：支持直接写入温存储或者冷存储。

Facebook 的冷存储数据中心功耗只有正常数据中心的六分之一，通过分离频繁访问的内容可以节省更多的电力开销。Facebook 冷存储支持将对象存储中的文件通过设定固定时间期限的方式，自动迁移到冷存储。Facebook 冷存储的一个场景是为内部的对象存储系统 HayStack 作备份，以增加 HayStack 数据的持久性。整个冷存储系统是作为其他系统出现数据丢失时最后一个可以恢复的数据源而存在的。

冷存储，通常意味着数据不会经常被访问，也或许永远不会被访问，但用户还是希望保留。然而，对于不同的人来说，可能定义冷存储的含义也会不同。可能，一些数据对于某个人是冷数据，但是对于其他的存储用户并不是冷数据。

对于冷存储，AWS 有 Glacier 产品线，Google 有 Nearline Storage 产品线。

2. 冷存储的设计

（1）硬件设计

冷存储系统的目标就是提高经济效益，降低成本。

在设备首次采购成本方面，冷存储更加关注机柜与硬盘。

在单位机柜中放更多的硬盘，正常的 4U48 盘位密度太低，需要引入 JBOD（Just a Bunch Of Disks）设备，通常一个 4U 服务器满配下加带 6 个 JBOD 设备，每个 JBOD 最多可放置 102 块硬盘；如果机架可以支持 8 个高密度 JBOD，则可以接近安装 1000 块磁盘。

在单位硬盘下提供更大的容量，采用 PMR 技术，单盘最大容量可达到 12TB，引入 SMR 技术，单盘最大容量可以支持 18TB 甚至更高。

在运营成本方面，电力开销的主要来源是磁盘转动的功耗。为了尽可能地降低电费，在运营维护过程中应该关闭不必要的磁盘，只让最小个数的磁盘维持转动，支持存储池级别的休眠，移除所有的冗余电源。冷数据的主要特征是访问频次很低，如果磁盘上的数据布局合理，大多数磁盘可以保持脱机，每个托盘（tray）同时只有一个设备上电，只有部分磁盘提供读/写服务。同时还可以通过减少风扇和电源键个数来降低成本。

AWS Glacier 基于磁带库构建，设备利旧使用，缓解设备采购成本；而 Google 的类似产品 Nearline Storage，则是基于磁盘的，通常 SATA 盘转速低，功率也较低（SAS 盘功率为 10W，SATA 盘功率为 5W ~ 6W），Google 这么做主要是为了获取数据时速度更快，数据能更快地在不同的存储层级之间移动。

（2）软件设计

软件设计的首要目标是保证系统持久性，避免单点故障。当系统出现异常后，仅需要尽可能少的资源来恢复数据。

软件层面可选择的方案有纠删码技术、SMR 技术、存储池休眠/唤醒技术。

◆ 纠删码技术

纠删码（Erasure Coding，简称 EC）是一种数据保护方法，它将数据分割成片段，把冗余数据块扩展、编码，并将其存储在不同的位置，比如磁盘、存储节点或者其他地理位置。副本策略和纠删码是存储领域常见的两种数据冗余技术，其对比见表 5-1。相比于副本策略，纠删码具有更高的磁盘利用率。EC 是节约成本的好方式，为了进一步降低成本，EC 通常会和分层的冷热存储配合，以构建低成本的冷热存储。

表 5-1　副本策略与纠删码技术的对比

两种技术	磁盘利用率	计算开销	网络消耗	恢复效率
多副本（3 副本）	1/3	几乎没有	较低	较高
纠删码（$n+m$）	$n/(n+m)$	高	较高	较低

Reed-Solomon（RS）码是存储系统中较为常用的一种纠删码，它有两个参数 n 和 m，记为 RS(n，m)。n 代表原始数据块个数，m 代表校验块个数。其基本思想是将 n 块原始的数据元素通过一定的计算，得到 m 块冗余元素（校验块）。对于这 $n+m$ 块的元素，当其中任意的 m 块元素出错（包括原始数据和冗余数据）时，均可以通过对应的重构算法恢复出原来的 n 块数据。

从表 5-1 所示的比较特性来看，由于纠删码有较高的磁盘利用率，相比副本策略来说，更能节约成本，而稍低的性能也比较适合冷存储较低频次的存取。

◆ SMR 技术

叠瓦式磁盘（Shingled Magnetic Recording，简称 SMR）是一种采用新型磁存储技术的高容量磁盘。SMR 盘将盘片上的数据磁道部分重叠，就像屋顶上的瓦片一样，该技术在制造工艺方面的变动非常微小，但却可以大幅提高磁盘存储密度。在数据量飞速增长的当今世界，SMR 技术可以有效降低单位容量的磁盘存储成本，是未来高密度磁盘存储技术的发展潮流。

尽管 SMR 盘的读行为和普通磁盘相同，但它的写行为却有了巨大的变化：不再支持随机写和原地更新写。这是由于 SMR 盘上新写入的磁道会覆盖与之重叠的所有磁道，从而摧毁其上的数据。换言之，相较传统磁盘而言，SMR 盘不再支持随机写，只能进行顺序追加写。写入方式的限制给欲使用 SMR 盘的存储系统带来了巨大的挑战，存储系统需要开发单机存储引擎来专门支持 SMR 磁盘。

◆ **存储池休眠 / 唤醒技术**

磁盘休眠技术，同样也被称为大规模空闲磁盘阵列（MAID），它是一个降低能耗的绝佳选择，然而在最终使用的时候，该技术对上层存储系统提出了较为严格的技术门槛，企业存储系统需要做一定的开发来适配其特性。通常要使用该特性，存储系统需要能完成如下关键操作。

1）power off 硬盘。

2）启动时磁盘顺次加电。

3）处理 HBA 卡的连线问题。

4）支持存储池级别的休眠和唤醒。

5）处理将单个 JBOS 挂载到两个服务器的特殊情况。

3. 冷存储的未来

5G 及物联网技术将继续以指数方式增加企业需要管理的数据量，来自世界各地的数百万设备和数据源将提供大量的数据。金融机构、企业公司和政府需要大规模、低成本的大数据冷存储库，冷存储的需求将会在未来持续增长。

很多公司尝试了蓝光存储，因为与目前使用的基于磁盘的冷存储相比，其光盘系统的价格只有后者的一半，能源效率却是后者的 5 倍。蓝光可能适合于某些用户，但并不适合所有人，例如大型视频文件和高性能计算（HPC）数据，这些文件很可能太大，无法存储在容量相对较低的蓝光磁盘上。

闪存在未来同样有着在冷存储场景发展的可能。乍听起来，这可能显得很荒谬，因为闪存很贵，通常用于热存储场景，但闪存的成本与它的可靠性和写入能力有关，因此理论上可以制造出非常便宜、质量很低、只能写入一两次的存储器。对于普通的闪存使用来说，这根本没有任何用处，但它可能非常适合执行冷数据存储的任务。即使每千兆字节的存储成本相对较高，其优势在于它可以在毫秒内被点亮，因此从"冷数据"状态开始的访问时间会很快。在某些情况下，用户可能需要这种"高端冷存储"。

每一种可能都是特定用例中的最佳解决方案。因为并不是所有冷存储的需求都是一样的，用户可能需要存储大量文件，可能需要快速访问冷库的文件或者可能很乐意花费大量的时间在等待访问存储文件被取出。在构建自己的冷存储体系结构时，需要了解要存储数据的类型、保留策略、存储成本，当然还要了解在恢复期间需要这些信息的速度有多快。

5.2.2　高性能存储

Ceph 具备优良的可扩展性以及分布式的体系结构，Ceph 系统中的所有工作负载都会均匀地分布、分配到整个集群的各个存储节点上，每个存储节点包含数个 OSD，因此，Ceph 的性能是集群节点内所有 OSD 性能的叠加，即当向 Ceph 集群添加满配 OSD 的新节点时，存储集群拥有了更多能够分担负载的 OSD，以及在每个新节点上配置的 CPU、内存和网络能力，整个存储集群的性能就会线性增加。

粗狂的集群扩展会伴随着成本的增加，因此在满足 Ceph 存储集群高性能需求的同时，也要更多地关注存储集群单位存储容量可发挥的性能（如 IOPS/TB）以及单位成本可发挥的性能（如 IOPS/ 元）。

本节仅关注通过 SSD(含 SATA/SAS SSD、NVMe SSD) 存储介质构建的 Ceph 高性能块存储集群，由于 SSD 存储介质价格受 Nand 闪存芯片颗粒市场的影响较多，因此本节后续讨论将围绕如何提高单 TB 存储容量可发挥的性能展开。

Ceph 块存储中使用到了 Mon、MGR、OSD 等进程组件，其中 OSD 进程最为重要，它运行着 RADOS 服务，使用 CRUSH 算法计算数据存放位置，并复制数据、维护自身的集群运行图。Ceph 中国社区推荐配置为每个 OSD 进程占用两个 CPU 核（如开启 Hyper Thread，则需要占用两个 HT），且考虑到 OSD 进程的集群恢复场景，通常要求每 TB 存储空间配备约 1GB 的内存容量（生产环境下推荐更高的，如 1TB 存储空间占用 2GB 内存）。在集群网络方面，生产环境下建议 public 网络和 cluster 网络分离组建，配合节点内的存储介质性能确定可对外供给的带宽，通常选择 10Gbit/s 或 25Gbit/s 网络为宜。

对于 SSD 存储介质的性能发挥，业界较为常见的做法是对 SSD 存储介质做多分区策略，划分后的每个分区分别承载一个 OSD 进程，以此来规避 OSD 软件上的性能瓶颈，更充分地发挥 SSD 存储介质的性能。

以社区 N 版为例，在表 5-2 所示的服务器配置构建的 Ceph 集群上进行 SSD 存储介质
多分区性能测试。

表 5-2　测试服务器配置

服务器数量	6 台
CPU	2 × Intel(R) Xeon(R) Gold 6148 CPU @ 2.40GHz（20core）
内存	8 × 32GB
SSD	3 × 3.2TB NVMe SSD（PCIe）
网卡	2 × 双口 10GE

分别对 1MB 大块数据顺序读写、4KB 小块数据随机读写的性能进行汇总，如图 5-2、
图 5-3 所示。

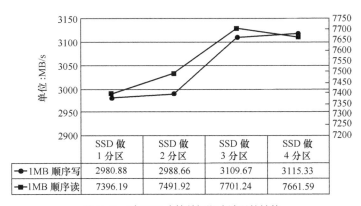

图 5-2　对 1MB 大块数据顺序读写的性能

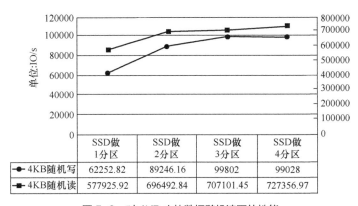

图 5-3　对 4KB 小块数据随机读写的性能

由以上图表直观观测可知，从单 SSD 做 3 分区划分到 4 分区划分，集群整体性能

收益不再显著增加，而单 SSD 做 4 分区要比 3 分区占用更多的 CPU、内存资源，因此，单 SSD 存储介质划分 3 分区，对 Ceph 集群整体性能提升的性价比更高。多分区部署 Ceph-OSD 进程如图 5-4 所示。

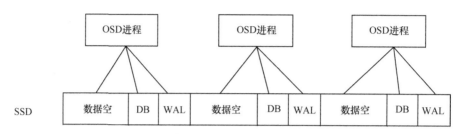

图 5-4　多分区部署 Ceph-OSD 进程示意

若单存储节点配置 8 块 U.2 NVMe SSD，可选择使用 Intel(R) Xeon(R) Gold 6248 或 Kunpeng920 48Core 处理器；若单存储节点配置 12 块 U.2 NVMe SSD，可选择使用 Intel(R) Xeon(R) Gold 6248R 或 Kunpeng920 64Core 处理器。

5.2.3　缓存层

提及 SSD 存储介质，人们的第一反应常常是"快"和"贵"。近年来，SSD 凭借其持续下探的价格以及一贯优异的性能，正在逐步蚕食并试图取代 HDD 的市场位置。在当前阶段，同样容量规格下的 SSD 成本高于 HDD 成本，如何有效组织 SSD 与 HDD，实现存储系统中性能与成本的均衡，仍有重要意义。实现这一目标，需要依赖于智能的数据分层存储方案，即缓存方案。

缓存方案在存储系统中一直扮演着重要的角色，其不仅对 I/O 写请求有削峰填谷的作用，可以协调数据在吞吐能力相差较大的存储设备之间进行平稳传输，也对 I/O 读请求有提升命中的效果，可以组织频繁被访问的数据存储在高性能存储介质中，并保证请求得到快速响应。

目前，在开源和商业存储领域，有较多的软件或者硬件可提供这种分级的缓存/缓冲机制。如硬件方面，LSI 公司 Mega RAID 阵列卡的 CacheCade 功能、Intel 公司的 Smart Response Technology（SRT）功能，都允许客户在使用 HDD 前利用 SSD 作为控制器的高速缓存，实现性能改进；软件方面，ZFS、LVM、Flashcache、Bcache、DM-Cache、Enhance IO、Intel CAS 等核心功能也均是实现 SSD 对 HDD 的 I/O 加速，而 Ceph 自身的 Cache Tier 缓存池方案也可实现类似功能。

1. Ceph Cache Tier 与其他 Cache 方案

（1）Ceph Cache Tier

Ceph 的 Firefly 版本中正式引入了 Cache Tier 特性，它允许存储系统使用 SSD 构建缓存逻辑池（Cache Pool）作为前端，处理客户 I/O 操作；使用 HDD 构建常规逻辑池（Persistence Pool）作为后端，持久化客户数据。更进一步，缓存池可以选用副本策略、常规池可以选用纠删策略，放大自身层次的性能或成本优势。Ceph Cache Tier 架构如图 5-5 所示。

客户端将 I/O 请求首先提交到缓存逻辑池，读写请求可以立即获得响应。一段时间后，缓存逻辑池将所有数据提交到常规逻辑池，以便自身可以缓存来自客户端的新请求。缓存池与常规池之间的数据迁移由 Ceph 自动触发且对客户端透明，可以做到客户无感知。

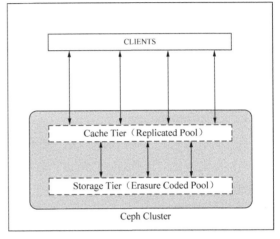

图 5-5　Ceph Cache Tier 架构示意

Ceph Cache Tier 的 Cache mode 主要有 6 种：Writeback、Forward、Proxy、Read-only、Read-forward、Read-proxy，其中 Writeback 以及 Read-only 模式较为常用。

◆ **Writeback 模式**

Writeback 模式下，缓存逻辑池可以服务来自客户端的写请求，即客户端将数据请求写入缓存逻辑池后即可返回，Cache Tier 缓存层基于预置策略（如 flush/evict）将数据迁移至常规逻辑池后，进行缓存逻辑池数据删除操作；处理客户端读请求时，Cache Tier 缓存层从常规逻辑池迁移数据至缓存逻辑池后，将数据提供给客户，且在数据温度降低后，将数据再次迁移回常规逻辑池。

Writeback 模式适用于可变数据的存储，如图片或视频编辑、交易性数据等。

◆ **Read-Only 模式**

Read-Only 模式下，缓存逻辑池只处理来自客户端的读请求，即客户端的数据写请求绕过缓存逻辑池直接写入常规逻辑池；在处理客户端的读请求时，Cache Tier 缓存层将数据从常规逻辑池迁移至缓存逻辑池供客户访问，且在数据温度降低后，直接将数据从缓存逻辑池中删除。

Read-Only 模式适用于不可变数据，尤其是多个客户端读取相同的数据场景，如社交媒体内容等。

由以上描述可知，Ceph Cache Tier 方案在底层抽象的统一软件定义存储基础上，实现了缓存存储层，具体依托于 Ceph 的 CRUSH Map 和 CRUSH Rule，针对不同的存储池配置相应的规则，从而将数据映射到具有存储性能差异的硬件上，提升总体性能并降低存储成本。Cache Tier 的实现本身依附于存储池的分片，也就是 PG，而 PG 本身要实现包括副本同步、快照、scrub、recovery 等一系列功能，Cache Tier 的实现与它们都混合在一起，大大增加了整体代码实现的复杂性，增加了在极端场景出现 bug 的可能性，从而对系统稳定性会有一定的影响。

（2）Flashcache

与 Ceph Cache Tier 的软件定义存储的角度来实现缓存层思想不同，以 Flashcache、Bcache 为代表的 "In-node Cache" 方案，可以在单台存储节点服务器内部构建起基于 SSD 快速设备与 HDD 慢速设备的混合盘，实现数据的分层存储方案。

以 Flashcache 方案为例，Flashcache 工作在内核层，基于 device-mapper 框架实现，可以将 SSD 与 HDD 映射成一个 device-mapper 层设备，达到将 SSD 作为 HDD 缓存使用的目的。

Flashcache 以 block 为单位进行数据块管理，在 SSD 与 HDD 之间，以 Hash 算法进行 "全相联映射"（Flashcache v3 版本），如图 5-6 所示。

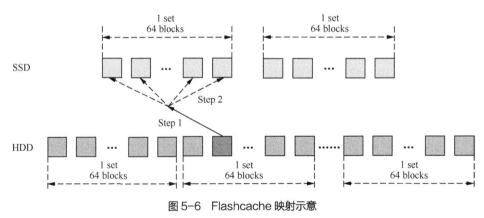

图 5-6　Flashcache 映射示意

写请求在数据落入 SSD 之后，I/O 完成返回，SSD 中的数据根据调度策略向 HDD 进行回刷，回刷策略通常为 FIFO/LRU，而回刷动作的触发则在时间和空间两个维度进行控制。

◆ **时间维度**

指定数据在 SSD 缓存中多久未被访问，则需要进行换出操作，可由参数 fallow_delay 动态设置，默认时间为 15min。

◆ **空间维度**

指定数据在 SSD 缓存中的"脏块"百分比，即"脏块"的水位线，可由参数 dirty_thresh_pct 动态设置，默认值为 20%。

Flashcache 使用图 5-7 所示的两种方式来完成数据的读写。

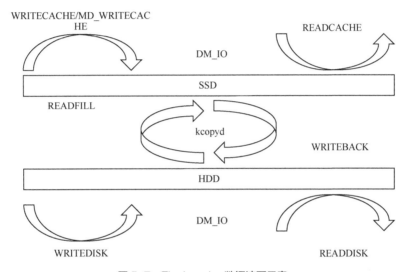

图 5-7　Flashcache 数据读写示意

从内存向物理设备进行输入或输出，可调用 device-mapper 层的 dm_io 接口，最终由通用块层的 submit_bio 提交到真实的物理设备，完成整个 I/O 流程。

SSD 与 HDD 设备之间的数据交互，则调用 kcopyd 函数，最终由内核的 kcopyd 机制完成。

Flashcahe 代码简洁，功能较为稳定，并额外提供了进程白名单 & 黑名单控制、I/O 延时直方图展示以及可配置的端到端数据一致性保证等辅助功能，可以快速上手进行产品集成。但其目前只支持在 64 位操作系统下运行，不支持动态加载、删除缓存设备和后端设备，即不支持动态换盘，同时也没有设计单独的回刷线程，所有的数据回刷操作都需要由业务 I/O 进行触发。极端情况下，"脏块"会长期存在于 SSD 中，导致"脏块"未按照设置的时间参数回刷到 HDD 设备，这些功能限制也会影响到最终系统的可用性。

（3）Bcache

Bcache 是 Linux 内核块设备层 Cache，相比于 Flashcache，Bcache 更加灵活，支持 SSD 作为多块 HDD 的共享缓存，并且还支持多块 SSD（还未完善），能够在运行中动态增加、删除缓存设备和后端设备。从 3.10 版本开始，Bcache 进入内核主线。Bcache 支持 Write Back、Write Through、Write Around 三种策略，默认是 Write Through 模式，可以动态修改，缓存替换方式支持 LRU、FIFO 和 Random 三种。

Bcache 的整体结构如图 5-8 所示。

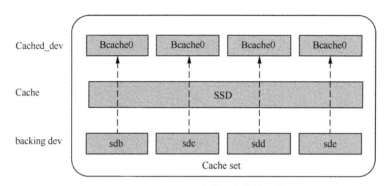

图 5-8　Bcache 逻辑块设备结构示意

Bcache 中以 Cache set 来划分不同存储集合，一个 Cache set 中包含一个或多个缓存设备（一般是 SSD），一个或多个后端设备（一般是 HDD）。Bcache 对外输出给用户使用的是 /dev/bcache 这种设备，每个 bcache 设备都与一个后端物理盘一一对应。用户对不同 bcache 设备的 I/O 会缓存在 SSD 中，刷脏数据的时候就会写到各自对应的后端设备上。因此，bcache 扩容很容易，只要注册一个新的物理设备即可。

Bcache 关键结构如下。

Bucket：缓存设备会按照 Bucket 大小划分成很多 Bucket，Bucket 的大小最好设置成与缓存设备 SSD 的擦除大小一致，一般建议为 128KB ～ 2MB，默认是 512KB。Bucket 内的空间是追加分配的，只记录当前分配到哪个偏移了，下一次分配的时候从当前记录位置往后分配。

bkey：Bucket 的管理是使用 b+ 树索引，而 b+ 树节点中的关键结构为 bkey，bkey 记录缓存设备缓存数据和后端设备数据的映射关系。

bset：bset 是 bkey 的数组，在内存中的 bset 是一段连续的内存，并且以 bkey 进行排序。

如上述介绍，Bcache 中以 b+ 树来维护索引，一个 b+ 树节点里包含 4 个 bset，每个 bset 中存放的是排序的 bkey，如图 5-9 所示。

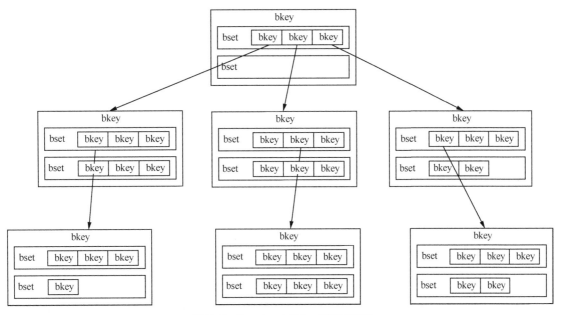

图 5-9 中做了简化，一个 bt+ 树节点只画了两个 bset。

图 5-9　Bcache 中的 b+ 树逻辑示意

每个 b+ 树节点以一个 bkey 来标识，该 bkey 是其子节点所有 bkey 中的最大值，不同于标准的 b+ 树（父节点存放子节点的地址指针），Bcache 的 b+ 树中非叶子节点中存放的 bkey 用于查找其子节点。根据 bkey 计算 Hash，再到 Hash 表中取查找 b+ 树节点，即叶子节点中的 bkey 存放的是实际的映射（根据这些 key 可以找到缓存数据以及在 HDD 上的位置）。Bcache 中的数据寻址逻辑见图 5-10。

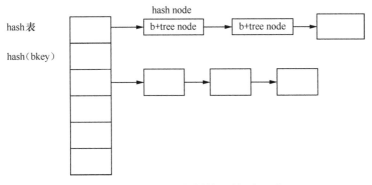

图 5-10　Bcache 中的数据寻址逻辑示意

Bcache 中引入了 journal 的概念，但 Bcache 中的 journal 不是为了一致性恢复使用的，而是为了提高性能。为了减少每次写操作都会更新元数据（一个 bset）这个开销，Bcache 引入了 journal，journal 实质上存储的就是插入的 Key 的 Log，按照插入时间排序，记录叶子节点上 bkey 的更新。这样每次写操作在数据写入后就只用记录一下 Log，在系统崩溃恢复的时候就可以根据这个 Log 重新插入 Key。

Bcache 中也引入了 garbage colletction 的概念，目的是为了重用 Bucket，gc 操作一般由 invalidate bucket 触发。Bcache 使用 moving_gc_keys(红黑树) 来存放可以 gc 的 key，gc 时会扫描整个 b+ 树，判断哪些 bkey 可以进行 gc 操作，然后就根据这个可以 gc 的 key 从 SSD 中读出数据，然后同样根据 key 中记录的 HDD 上的偏移写到 HDD 中，成功后把该 key 从 moving_gc_keys 中移除。

2. Bcache 为 Ceph OSD 加速

在 Ceph 存储解决方案中，被广泛使用的存储引擎为 FileStore 以及 BlueStore。FileStore 适用于机械盘场景，没有针对 SSD 存储介质做专门的考虑，而 BlueStore 在设计之初就为了减少写放大，针对 SSD 存储介质做了相应优化，抛弃了 FileStore 中的 journal 机制，直接管理裸盘，减少了文件系统（如 Ext4/Xfs 等）对存储性能的损耗。

Bcache 作为 Linux 内核中的一款缓存方案，也在 SSD 使用策略上做了相关设计，如前面提到过的 Bcache 的缓存设备会被划分成很多固定大小的 bucket，bucket 的大小通常设置成与缓存设备 SSD 存储介质的擦除块大小一致，防止 SSD 的写放大。

两个技术方案与 SSD 存储介质的设计思路较为契合，可引入 Bcache 为 Ceph 的 BlueStore 存储引擎进行 I/O 加速，其示意见图 5-11。

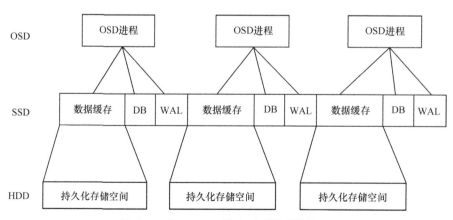

图 5-11　Bcache 加速 Ceph 系统架构示意

5.3 ARM 服务器存储集群调优实践

5.3.1 华为泰山 ARM 服务器简介

为满足快速增长的算力需求，多核架构已成为服务器最重要的演进方向。而基于鲲鹏处理器的华为泰山 ARM 服务器，支持 NUMA（Non-uniform memory access，非统一内存访问）架构，同时能够很好地解决 SMP（Symmetric Multi-Processing，对称多处理技术）对 CPU 核数的制约，因此也成为存储产品的重要选型。本节在华为泰山 ARM 服务器的基础上介绍 Ceph 产品的性能调优实践。

5.3.2 性能优化方向

由图 5-12 所示的冯·诺依曼架构可以看出，Ceph 产品性能调优的方向主要为：CPU/内存、磁盘 I/O、网络、应用软件 4 个方面。

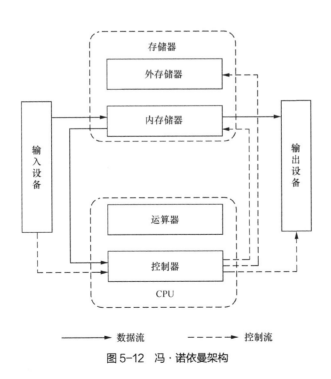

图 5-12 冯·诺依曼架构

1. CPU/ 内存子系统

（1）合理利用 CPU 亲和性与内存分配策略，让内存访问最短路径。

内存在物理上是分布式的，不同的核访问不同内存的时间不同。因此合理规划好进程的 NUMA 运算范围，性能将会有较为明显的提升，其架构如图 5-13 所示。

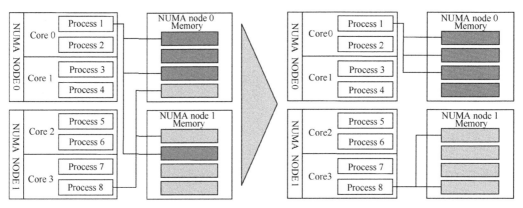

图 5-13　CPU-NUMA 架构示意

从图 5-13 可以看到，不同 NUMA 内的 CPU core 访问同一个位置的内存，性能不同。内存访问时延从高到低为: 跨 CPU > 跨 NUMA 不跨 CPU > NUMA 内。因此可以通过手动绑定进程与 NUMA，尽可能避免跨 NUMA 访问内存，从而提升性能。目前 Ceph 从 v14.x.x 版本开始已经能够原生支持 RGW、MDS 以及 OSD 进程的 CPU 的亲和绑定。

本次 Ceph 性能调优的主要应用为绑定 OSD 进程和网卡。

◆ 绑定 OSD

将 OSD 进程均匀分配绑定到固定 CPU 上。

方法: 通过修改 /etc/ceph/ceph.conf 文件，添加 "osd_numa_node = <NUM>"。

```
# 查看 OSD 进程与 NUMA 绑定结果
# ./bin/ceph osd numa-status
```

◆ 网络 NUMA 绑核、绑中断

当网卡收到大量请求时，会产生大量的中断，通知内核有新的数据包，然后内核调用中断处理程序响应，把数据包从网卡复制到内存。因此，可以将处理网卡中断的 CPU core 设置在网卡所在的 NUMA 上，从而减少跨 NUMA 的内存访问所带来的额外开销，提升网络处理性能。

a）停止 irqbalance。

```
# systemctl stop irqbalance.service
# systemctl disable irqbalance.service
```

b）设置网卡队列个数为 CPU 的核数。

```
# 设置网卡队列个数
# ethtool -L ethx combined 48
```

c）查询中断号。

```
# 查询中断号
# cat /proc/interrupts | grep $eth | awk -F ':' '{print $1}'
```

d）根据中断号，将每个中断分别绑定在一个核上，其中 CPU Number 是 core 的编号，从 0 开始。

```
# 中断绑核
# echo $CPUNumber > /proc/irq/$irq/smp_affinity_list
```

Ceph OSD 守护进程应与网卡软中断在不同的 NUMA node 上处理，否则在网络压力大的时候容易出现 CPU 瓶颈。

（2）调整内存页的大小

TLB（Translation Lookaside Buffer）为页表（存放虚拟地址的页地址和物理地址的页地址的映射关系）在 CPU 内部的高速缓冲。TLB 的命中率越高，页表查询性能就越好。同一个 CPU 的 TLB 行数固定，因此内存页越大，管理的内存越大，相同业务场景下的 TLB 命中率就越高。

调整内存页前后可以通过如下命令观察 TLB 的命中率（$PID 为进程 ID）。

```
# 查看命令率
# perf stat -p $PID -d -d -d
```

输出结果中 iTLB-load-misses / iTLB-loads 项表示数据的 miss 率和指令的 miss 率。设置方法如下。

◆ **设置内核内存页大小**

修改 Linux 内核的内存页大小，需要在修改内核编译选项后重新编译内核，简要步骤如下所示。

a）执行 make menuconfig；

b）选择 PAGESIZE 大小为 64KB；

c）Kernel Features-->Page size(64KB)；

d）编译和安装内核。

◆ **设置内存大页**

```
# 在运行时设置 node 中 2 MB 大页的数量为 20
# echo 20 > /sys/devices/system/node/node0/hugepages/hugepages-2048kB/nr_hugepages
```

（3）定时器机制调整，减少不必要的时钟中断

在 Linux 内核 2.6.17 版本之前，Linux 内核为每个 CPU 设置一个周期性的时钟中断，Linux 内核利用这个中断处理一些定时任务，如线程调度等。这会导致即使 CPU 不需要定时器的时候，也会有很多时钟中断，造成资源的浪费。Linux 内核 2.6.17 版本引入了 nohz 机制，实际就是让时钟中断的时间可编程，减少不必要的时钟中断。修改方式如下。

```
# 查看启动参数
# cat /proc/cmdline
```

查看 Linux 内核的启动参数，如果有"nohz = off"关键字，说明 nohz 机制被关闭，需要打开。修改方法如下。

a）在 /boot 目录下通过 find –name grub.cfg 找到启动参数的配置文件。

b）在配置文件中将"nohz = off"去掉。

c）重启服务器。

（4）修改 CPU 预取

局部性原理分为时间局部性原理和空间局部性原理，时间局部性原理描述的是某个数据项可能会被多次访问。空间局部性原理描述的是如果某个数据项被访问，那么与其地址

相邻的数据项可能很快也会被访问。因此，对于数据比较集中的场景，预取的命中率高，适合打开 CPU 预取，反之需要关闭 CPU 预取。方法如下。

进入 BIOS 界面，然后在 Advanced MISC Config 中设置 CPU 的预取开关。

2. 磁盘 I/O 子系统调优

（1）优化磁盘 I/O 调度方式

文件系统在通过驱动读写磁盘时，不会立即将读写请求发送给驱动，而是时延执行，这样 Linux 内核的 I/O 调度器可以将多个读写请求合并为一个请求或者排序（减少机械磁盘的寻址）发送给驱动，提升性能。

目前 Linux 版本主要支持 3 种调度机制。

◆ CFQ，完全公平队列调度早期 Linux 内核的默认调度算法，它给每个进程分配一个调度队列，默认以时间片和请求数限定的方式分配 I/O 资源，以此保证每个进程的 I/O 资源占用是公平的。这个算法在 I/O 压力大且 I/O 主要集中在某几个进程的时候，性能不太友好。

◆ deadline，最终期限调度，这个调度算法维护了 4 个队列，读队列、写队列、超时读队列和超时写队列。当内核收到一个新请求时，如果能合并就合并，如果不能合并，就会尝试排序。如果既不能合并，也没有合适的位置插入，就会放到读或写队列的最后。一定时间后，I/O 调度器会将读或写队列的请求分别放到超时读队列或者超时写队列。这个算法并不限制每个进程的 I/O 资源，适合 I/O 压力大且 I/O 集中在某几个进程的场景，比如大数据、数据库使用 HDD 磁盘的场景。

◆ NOOP，也称为 NONE，是一种简单的 FIFO 调度策略。因为固态硬盘支持随机读写，所以固态硬盘可以选择这种简单的调度策略，性能较好。修改方式如下。

```
# cat /sys/block/$DEVICE-NAME/queue/scheduler
noop deadline [cfq]
```

[] 中即为当前使用的磁盘 I/O 调度模式。如果需要修改，可以采用 echo 来修改，比如将 sda 修改为 deadline。

```
# 修改命令
# echo deadline > /sys/block/sda/queue/scheduler
```

（2）调磁盘预读策略

根据局部性原理，文件预读取数据时，会多读一定量的相邻数据缓存到内存。如果预读的数据是后续会使用的数据，那么系统性能会提升，如果后续不使用，就浪费了磁盘带宽。在磁盘顺序读的场景下，调大预取值效果会尤其明显。因此该值可根据业务模型来调整。

文件预取参数由文件 read_ahead_kb 指定，CentOS 中为 "/sys/block/$DEVICE-NAME/queue/read_ahead_kb"（$DEVICE-NAME 为磁盘名称）。如果不确定，则通过以下命令来查找。

```
# 查找命令
# find / -name read_ahead_kb
```

此参数的默认值 128KB，可使用 echo 来调整，仍以 CentOS 操作系统为例，将预取值调整为 4096KB，可使用如下命令。

```
# 调整预取值
# echo 4096 > /sys/block/$DEVICE-NAME /queue/read_ahead_kb
```

3. 网络子系统调优

（1）内存条插法

内存按 1dpc 方式插将获得最佳性能，优先插入 DIMM 0，即插入 DIMM 000、010、020、030、040、050、100、110、120、130、140、150 插槽。3 位数字中，第一位代表所属 CPU，第二位代表内存通道，第三位代表 DIMM，优先将第三位为 0 的插槽按内存通道从小到大依次插入。

（2）PCIE Max Payload Size 大小配置

网卡自带的内存和 CPU 使用的内存进行数据传递时，是通过 PCIE 总线进行数据搬运的。Max Payload Size 为每次传输数据的最大单位（以字节为单位），该参数越大，PCIE链路带宽的利用率越高。调整方法如下。

进入 BIOS 界面，选择 "Advanced > Max Payload Size"，将 "Max Payload Size"的值设置为 "512B"。

（3）中断聚合参数调整

中断聚合特性允许网卡收到报文之后不立即产生中断，而是等待一小段时间有更多的报文到达之后再产生中断，这样就能让 CPU 一次中断处理多个报文，减少开销。修改方法如下。

使用 ethtool −C $eth 方法调整中断聚合参数。其中参数"$eth"为待调整配置的网卡设备名称，如 eth0、eth1 等。

```
# 中断聚合参数调整
# ethtool -C eth3 adaptive-rx off adaptive-tx off rx-usecs N rx-frames N tx-
usecs N tx-frames N
```

为了确保使用静态值，需禁用自适应调节，关闭 Adaptive RX 和 Adaptive TX。

◆ rx−usecs：设置接收中断时延的时间；

◆ tx−usecs：设置发送中断时延的时间；

◆ rx−frames：产生中断之前接收的数据包数量；

◆ tx−frames：产生中断之前发送的数据包数量。

这 4 个参数设置的数值越大，中断越少，但响应时延会略有增加，此处应结合业务需求进行尝试调整。

（4）开启 TSO

当一个系统需要通过网络发送一大段数据时，计算机需要将这段数据拆分为多个长度较短的数据，以便这些数据能够通过网络中所有的网络设备，这个过程被称作分段。TCP 分段卸载将 TCP 的分片运算（如将要发送的 1M 字节的数据拆分为 MTU 大小的包）交给网卡处理，无须协议栈参与，从而降低 CPU 的计算量和中断频率。修改方式如下。

使用 ethtool 工具打开网卡和驱动对 TSO（TCP Segmentation Offload）的支持。如下命令中的参数"$eth"为待调整配置的网卡设备名称，如 eth0、eth1 等。

```
# 开启 TSO
# ethtool -K $eth tso on
```

（5）部分网卡参数调整（见表 5-3）

表 5-3　网卡调优参数

参数名称	参数含义	优化值 / 优化方式
rx_buff	增大该项以提高内存空间利用率	默认值 2，建议值 8，方法如下。 cd /etc/modprobe.d vi /etc/modprobe.d/hinic.conf
ring_buff	通过调整网卡 ring_buff 大小以增加吞吐量	默认值 1024，建议值 4096，方法如下。 ethtool –G < 网卡名称 > rx 4096 tx 4096

4. 软件参数调优

软件调优的本质是充分发挥硬件性能。本小节通过调整 Ceph 配置选项，最大化利用系统资源，见表 5-4。

表 5-4　Ceph 软件调优参数

参数名称	参数含义	优化建议
[global]		
Max open files	设置系统的 "max open fds"	默认值：0 建议值：131072
[mon]		
mon clock drift allowed	Monitor 间的 clock drift	默认值：0.05 建议值：1
mon osd down out interval	标记一个 OSD 状态为 down 和 out 之前 Ceph 等待的秒数	默认值：300 建议值：600
[OSD]		
osd deep scrub stride	在 Deep Scrub 时允许读取的字节数（byte）	默认值：524288 建议值：131072
osd op threads	并发文件系统操作数	默认值：2 建议值：16
osd disk threads	OSD 密集型操作，如恢复和 Scrubbing 时的线程	默认值：1 建议值：4
osd map cache size	保留 OSD Map 的缓存（MB）	默认值：500 建议值：1024
osd map cache blsize	OSD 进程在内存中的 OSD Map 缓存（MB）	默认值：50 建议值：128
osd recovery oppriority	恢复操作优先级，取值 1 ~ 63，值越高，占用资源越高	默认值：10 建议值：2
osd recovery max active	同一时间内活跃的恢复请求数	默认值：15 建议值：10
osd max backfills	一个 OSD 允许的最大 backfill 数	默认值：10 建议值：4
osd mon heartbeat interval	OSD ping 一个 Monitor 的时间间隔（单位为 s）	默认值：30 建议值：40

续表

参数名称	参数含义	优化建议
osd op log threshold	一次显示多少操作的 Log	默认值：5 建议值：50
[rbd]		
rbd cache	RBD 缓存	默认值：True 建议值：True
rbd cache size	RBD 缓存大小（byte）	默认值：33554432 建议值：335544320
rbd cache max dirty age	在被刷新到存储盘前脏数据存在缓存的时间（单位为 s）	默认值：1 建议值：10
rbd cache writethrough until flush	设置该参数后，librbd 会以 writethrough 的方式执行 I/O，直到收到第一个 flush 请求后才切换为 writeback 方式	默认值：True 建议值：False
[rgw]		
rgw override bucket index max shards	桶索引对象的分片数量，0 表示没有分片	默认值：0 建议值：8
[fs]		
ceph fs set <cephfs_name> max_mds <rank_num>	设置多活 mds，要设置 mds 多活的个数必须保证集群总 mds 数量至少为 rank_num+1 个	
setfattr −n ceph.dir.pin − v <rank> <dir_path>	手动绑定目录与多活 mds	

5.3.3 小结

本节的调优实践总结如下。

（1）CPU/ 内存、磁盘 I/O、网络、软件适配参数，是性能调优的 4 个主要方向；

（2）采集性能指标、全面分析性能瓶颈、优化相关参数代码，是调优的基本思路；

（3）软件调优的本质是为了充分发挥硬件性能；

（4）时延、吞吐、并发等性能指标的设定可根据业务模型寻找一个均衡点；

（5）分析性能瓶颈需注意测试工具本身带来的资源损耗。

5.4 负载均衡方案

5.4.1 常用负载均衡方案介绍

对象存储是 Ceph 的一种重要存储形态，其对外提供服务的方式与块存储、文件存储方式不同，通常基于 HTTP 协议通过互联网对外提供存储服务。如何为客户端打造一个稳定、高性能的负载均衡（Load Balance，简称 LB）方案，成为对象存储的一个重要诉求，也是不可缺少的架构策略之一。负载均衡的目的是将客户端的请求按照一定的匹配规则，发送到后端的对象存储网关，从而获取对象存储服务。

负载均衡可以分为硬件负载均衡和软件负载均衡，硬件负载均衡往往因为成本太高，只在一些特定的场景使用。本节主要介绍几种常用软件负载均衡方案的特性及优缺点，以及团队在实际使用中的一些最佳实践。

软件负载均衡方案，常见的有基于 4 层的负载均衡 LVS(Linux Virtual Server) 和基于 7 层的负载均衡 HAproxy、Nginx、apisix 等，7 层负载均衡一般也具有 4 层负载均衡的能力。LVS 已经是 Linux 标准内核的一部分。采用 LVS 达到的负载均衡技术和 Linux 操作系统，可构建高性能、高可用的服务器集群，具有良好的可靠性、可扩展性和可操作性。

1. LVS

LVS 的特点如下。

◆ 基于 4 层的网络协议，抗负载能力强，硬件配置要求不高；
◆ 支持的可配置项有限，不容易出错；
◆ 应用范围比较广，不仅仅对 Web 服务做负载均衡，还可以对其他应用做负载均衡；
◆ LVS 架构中存在一个虚拟 IP 的概念，需要向 IDC 多申请一个 IP 来做虚拟 IP 使用。

2. Nginx

Nginx 负载均衡器的特点如下。

◆ 可以针对 HTTP 应用做一些针对域名的分流策略；
◆ 可以承担较高的负载压力且保持系统稳定，一般能支撑超过上万次的并发；
◆ 支持健康监测；
◆ Nginx 对请求的异步处理，可以帮助节点服务器减轻负载；
◆ 默认有 3 种调度算法：轮询算法、weight 算法以及 ip_hash 算法。除此之外，还可以支持第三方的调度算法，如 fair 算法和 url_hash 算法等。

3. HAProxy

HAProxy 的特点如下。

◆ 支持 Session 的保持、Cookie 的引导等；

◆ 支持健康监测；

◆ 支持负载均衡算法：动态加权轮循算法（Dynamic Round Robin），加权源地址散列算法（Weighted Source Hash），加权 URL 散列算法以及加权参数散列算法（Weighted Parameter Hash）。

4. Apisix

Apisix 的特点如下。

◆ Apisix 是一个云原生的、高性能、高扩展性的服务网关；

◆ 基于 OpenResty（Nginx+Lua）和 etcd 来实现，采用 Lua 语言开发，具有动态路由和热插件加载的特点；

◆ 系统本身自带前端，可以手动配置路由、负载均衡、限速限流、身份验证等插件，操作方便。

5.4.2　负载均衡方案实践

结合大量的现网生产经验，团队采用 4 层负载均衡 LVS+7 层负载均衡 Apisix 相结合的方式，来为对象存储网关服务 RGW 实现高性能、高可用、高扩展性的负载均衡服务。

方案设计基于以下背景。

◆ 需要支持内外网分离，内网访问（移动云云主机访问）不计算流量费用，外网访问需要计算出口带宽及请求次数费用；同时需要支持管理控制台从管理网对接对象存储；

◆ 外网访问对象存储需要支持 HTTP(s) 访问，apisix 支持 HTTP(s)，SSL 在 Apisix 终结，Apisix 后端的 RGW 实例则只配置 HTTP 端口即可；

◆ LVS 采用 FULLNAT 模式实现 4 层负载均衡，并且 LVS 集群采用 ECMP+BGP 方式发布路由，实现负载均衡节点主主多活方式；

◆ 7 层负载均衡 Apisix 不支持监听多个端口，即无法支持多实例部署；对于不同业务类型（公网 Client、内网 VM、管理网 OP 等）的请求转发需要采用自定义路由＋路由优先级转发来实现。

负载均衡方案系统整体架构如图 5-14 所示。

（1）Public Client 通过公网访问域名，经过 DNS 解析后，访问 LVS LB 集群的 VIP1；VM Client 则是访问 LVS LB 集群的 VIP2；OP 请求不经过 LVS，直接通过 keepalived

VIP 访问两台 RGW 节点的 Apisix。

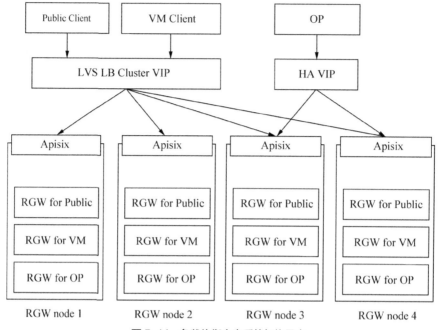

图 5-14 负载均衡方案系统架构示意

（2）LVS LB 集群配置两个 Local IP 段，进行 FULLNAT 操作，将通过 VIP1 地址进来的请求，源地址修改为 Local IP1，将通过 VIP2 地址进来的请求，源地址修改为 Local IP2。

（3）LVS LB 集群进行 FULLNAT 操作，通过修改目的地址为 Apisix 的地址，将请求发送到 Apisix。

（4）Apisix 部署在每台 RGW 节点上，每个 RGW 实例都是 Apisix 的一个 upstream node。Apisix 通过配置 remote_addr 来进行源地址解析，识别请求是来自公网还是内网，继而选择不同的 upstream node。

（5）Apisix 通过自定义路由，设置路由优先级 priority 来实现请求的正确转发。默认优先级为 0，将公网请求转发到 RGW for Public 部分的 RGW 实例；优先级设置为 10，将内网请求转发到 RGW for VM 部分的 RGW 实例；优先级设置为 20，将 OP 请求转发到 RGW for OP 部分的 RGW 实例。

可以看到，在上述步骤中，LVS 集群在处理请求时，使用的是 FULLNAT 模式。在该模式下，在接受 Client 请求时，除了做 DNAT 操作，还做 SNAT 操作，将请求的源地址修改为 Local IP。在返回请求给 Client 时，除了做 SNAT 操作，还做 DNAT 操作，将响应的目的地址修改为 Client IP。使用 FULLNAT 的优点是，RGW 集群可以和 LVS LB 集群跨 vlan 通信，RGW 集群部署在内网环境即可，降低部署成本。

7 层负载均衡 Apisix，通过自定义路由和设置优先级，可以实现在同一个 RGW 节点上由不同的 RGW 实例来分别响应公网和内网的请求。同时，也能实现监控和业务分离，互不影响。另一方面，Apisix 支持动态调整每个 upstream node 的权重，可以实现透明升级的功能，极大地便利了运维。

5.5 RGW GC 回收与容量调度

5.5.1 概述

本节介绍一种在实践中采用的、在整个对象存储集群层面工作的垃圾回收调度策略。在实践过程中，我们在社区版 Ceph 的基础上根据自身具体业务的特性对集群做了一些改动，这使得这种调度策略无法直接应用于社区版的 Ceph。因此，在本节中我们会先介绍一下如果要实现这种垃圾回收，至少需要对集群做哪些改动，并简单说明如何实现这些改动；随后会具体讲述一下垃圾回收调度的工作原理，同时会附带一些实践经验作为参考，帮助理解；最后再分析一下这种调度算法的优势。

5.5.2 涉及的概念

1. 分布式存储的逻辑结构

在分布式存储的产品里，通常都会有两部分逻辑模块必不可少，一部分称之为存储单元，数据在写入分布式存储系统中后，最终都会写入一个存储媒介（参考 Ceph 里存储池的概念）；另一部分模块用于管理集群，通过它可以对集群进行管理（参考 Ceph 里的 radosgw-admin 命令行），这部分被称为控制单元。因此，在单机版的 Ceph 中，我们可以简单认为 RGW 是控制单元，存储池是存储单元。上文提过，在实践过程中，我们会基于社区版 Ceph 做修改。举个例子，在某个我们内部管理的分支中引入 storage policy 的功能，用于实现 Ceph 集群级别的管控，这样一来可以把多个 Ceph 集群（跨地域或不跨地域）融合在一起，满足更大规模和更安全的存储需求。在 storage policy 中，我们定义了一个存储池列表，这些存储池可以来自于不同的 Ceph 集群，同时为每个存储池配置了写入权重。通过修改后的 RGW，系统会根据实际情况在 storage policy 中选择合适的存储池进行写入，读取同理。理论上说，剩余容量越大的存储池会配置更高的权重，这样做的目的是让每个存储池的使用量均衡。在这个案例中，存储单元就是 storage policy 里的存储池，控制单元则是修改后的 RGW。在本节所述垃圾回收调度中，需要用到的功能有以下几种。

◆ 通过控制单元可以对存储池进行标签管理：通过 ceph osd pool application set 相关指令实现。

◆ 通过控制单元读取整个集群的状态信息，涉及的状态信息有 3 类：

a）存储池列表和基础信息：从 storage policy 中获取；

b）存储池的标签：通过 ceph -s 指令获取；

c）存储池使用情况：通过 ceph osd pool application get 相关指令获取。

◆ 通过控制单元将存储池添加或移出集群：通过调整 storage policy 中的 weight 值来实现，weight 值为 0，表示对应存储池不写入，即写入隔离。

◆ 通过控制单元指定某个存储池执行垃圾回收操作：通过 radosgw-admin gc process 指令实现。

2. 垃圾回收

社区版 Ceph 本身自带垃圾回收功能，由几个 rgw_gc 开头的配置项控制，但这些配置项远远不够。目前的垃圾回收方案有两个主要缺点。

（1）垃圾调度作为存储单元的自发行为，不可控制且进度无法感知，不便于管理。

（2）执行垃圾回收时会对所在存储池的性能产生影响，从而对整个集群性能产生影响。

而本节所述垃圾回收调度就是为了改善这两点。

5.5.3　垃圾回收调度的设计和实现

本小节会介绍一种垃圾调度的算法。同时，在引入 storage policy 的 Ceph 版本中，我们对这一算法进行了实现，实现的主要逻辑如下（Ceph 集群已经关闭自带的垃圾回收功能）。

（1）控制单元首先对整个集群中所有存储单元的使用信息进行收集，这些信息包含：存储单元是否正常工作、存储单元是否需要进行垃圾回收、存储单元上一次执行垃圾回收操作的时间、存储单元当前是否处于垃圾回收的状态。

（2）控制单元经过分析，从正常工作且需要进行垃圾回收的单元中选择一个存储单元（算法如下），将它临时从数据集群中移出，将它的状态信息更新为垃圾回收进行中，同时控制这个存储单元进行全量的垃圾回收操作。如果没有前述情况，则跳过。具体选择的算法如下。

◆ 遍历所有存储单元，如果此单元上一次执行垃圾回收操作的时间为空，说明此单元从未进行过垃圾回收操作，选择这个单元作为下一个需要执行垃圾回收操作的单元。

◆ 如果所有存储单元均做过至少一遍垃圾回收操作，那么选取上一次执行垃圾回收操作时间和当前时间差值最大的单元作为下一个需要执行垃圾回收操作的单元。

（3）控制单元经过分析，通过存储单元有关是否处于垃圾回收状态的信息找到上一轮进行垃圾回收操作的存储单元，控制这个存储单元停止垃圾回收操作，并将其重新加入到数据集群中，同时更新其上一次执行垃圾回收操作时间的信息，删除处于垃圾回收的标签，恢复其使用。如果没有前述情况，则跳过。

（4）当前的调度周期结束，返回第 1 步骤重新开始下一轮调度周期。

第 1 步中的主要目的是收集集群中所有存储单元的信息，有几类信息是必需的，在上文中已经讲过如何通过指令获取这些信息。但这种形式不是必需的，在不同版本里有对应的实现就可以。

第 2 步的目的是从所有存储单元中选择在下一轮调度周期中需要进行垃圾回收的存储单元。此处描述了一种选择算法，它参考了 LRU Cache 的思想进行了实现，每一轮会选择出 0 个或 1 个存储单元进行垃圾回收。它本质上是一种轮询算法，这样的设计可以保证在一定时间内，每个存储单元能够至少完成一次垃圾回收。显然在实践过程中，这里的选择算法可以灵活地替换成其他形式。举个例子，控制单元在统计存储单元信息时，可以统计存储单元需要进行垃圾回收的数据量，之后优先选择垃圾最多的存储单元。

第 3 步的目的是停止正在进行垃圾回收的存储单元的操作。在本算法实现中，通过对存储池进行标签管理来判断存储池当前是否正处于垃圾回收状态，同理也有其他实现方法，就不一一介绍了。

我们将前 3 步称为一次调度周期。在每轮周期中，主要需要完成两件事情。

（1）选择新的存储单元，将其移出集群，开始垃圾回收；

（2）停止上一个周期中的垃圾回收操作，将其重新加入集群。

两件事情完成后，等待一定时间（这个时间就是垃圾回收进行的时间），进行下一轮调度。这种算法的好处如下。

◆ **垃圾回收效率提升。**

这是因为当一个存储单元在被选中开始进行垃圾回收到结束这段时间，该单元被移出了集群。此时可以充分利用该存储单元的系统资源，进行全量的垃圾回收，以达到更好的回收效果。而传统的垃圾回收策略需要考虑尽量不影响当前的业务，实际却做不到。

◆ **集群性能基本不受影响，用户侧无感知。**

分布式存储系统的一大特点就是可扩展，增加或删除一个存储单元对于集群本身不会有很明显的影响。

◆ **算法灵活，高度可控。**

5.6 OpenStack-Cinder-Backup Driver 优化

5.6.1 OpenStack-Cinder-Backup 介绍

OpenStack 是开源的云计算管理平台项目，由几个主要的组件组合起来完成具体工作。OpenStack 支持几乎所有类型的云环境，项目目标是提供实施简单、可大规模扩展、功能丰富、标准统一的云计算管理平台。OpenStack 通过各种互补的服务提供了基础设施即服务（IaaS）的解决方案，每个服务提供 API 以进行集成。OpenStack 主要简化资源的管理和分配，把计算、存储、网络三大项虚拟成三大资源池，进行统一管理，并体现强有力的兼容能力，以及扩展能力。

OpenStack 包含 7 个核心组件：计算（Nova）组件、对象存储（Swift）组件、认证（Keystone）组件、用户界面（Horizon）组件、块存储（Cinder）组件、网路（Neutron）组件、镜像（Glance）组件等，如图 5-15 所示。

其中，Cinder 组件用于块存储资源管理服务，将块存储资源池以及云硬盘进行纳管。Cinder 包含以下几个组件：cinder-api 接收 API，作为整个 Cinder 组件的门户，所有的请求都由 cinder-api 先处理；cinder-volume 用于管理 volume(云硬盘) 的服务，volume 的生命周期的管理都由它完成；cinder-scheduler 用于 Cinder 的调度服务，通过设定的调度算法选择合适的存储 backend；cinder-backup 服务则是 volume 的备份服务，通过它可以实现对 volume 的备份以及恢复。

OpenStack 的 Cinder 备份提供了 3 种驱动服务：Ceph、NFS、Swift。Ceph 驱动将

卷以两种方式备份到 Ceph 集群：一种是非 RBD 作为 backend，仅支持全量备份，并以卷的形式进行存储；一种是 RBD 作为 backend，可以支持增量备份，使用 Ceph 本身自带的差量文件的方式生成对应的增量文件。NFS、Swift 继承 Chunked Backup Driver，以增量备份的方式将原始的 volume 拆分为 chunk，保存在对应的存储介质上。现有的方案中，主流还是使用 NFS、Swift，方案采用后端去重的方式做增量备份，增量备份以备份链的方式保证数据恢复的正确性，且备份链不能任意删除中间备份。

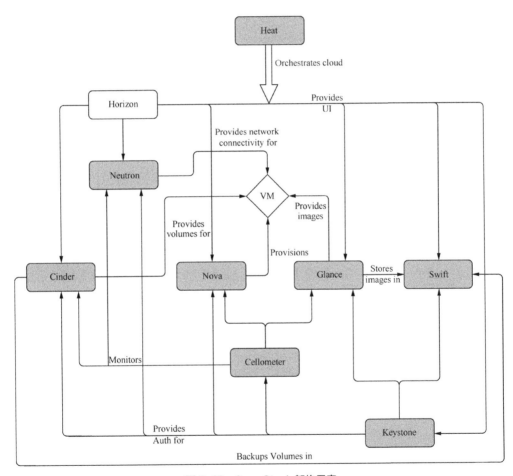

图 5-15　OpenStack 架构示意

5.6.2　OpenStack-Cinder-Backup 优化

出于功能、性能的综合考虑与分析，对于 Ceph 的块存储设备，我们研发了 cinder-backup 的新驱动（统称 BC-EBS）来实现数据备份功能，即将云硬盘通过增量备份到对象存储集群。

其功能优化包括：

◆ 通过备份链数据管理，实现卷的增量备份；
◆ 通过元数据管理算法实现备份间的任意删除以及快速恢复功能。

其性能优化包括：

采用进程 + 协程的并发方式实现数据的并发上传，从而提升备份性能。

1. 功能优化

（1）备份链数据管理优化，提供增量备份方式

与 Swift 的备份链数据管理不同，Ceph 卷备份采用了 Ceph 块设备模块自带的 diff 接口，获取两个前后快照间的增量区间。

Ceph 卷备份全部采用增量备份，减少了数据传输、处理、存储。和传统备份方式不同，Ceph 卷备份是基于 Ceph 后端存储深度定制的，后端存储直接提供数据增量读取接口，极大地减少了备份数据量，并通过备份元数据的方式进行单独存储，同时通过单独的备份链对象记录备份的先后顺序。后端存储介质则支持 S3、Swift 接口以及 NFS 等。

备份 1GB 增量数据的情形下，新备份方案和传统备份方案的对比如图 5-16 所示，传统的增量备份若是对一个 100GB 的卷进行备份，会将全部数据读取到备份软件，后端去重，提取增量数据 1GB 存储到存储介质；而 BC-EBS 备份方式的技术方案是利用 Ceph 卷的增量读取接口，前端直接去重，只需获取 1GB 的增量数据，将增量数据备份到备份介质中，减少了数据的传输，提升了备份速率。

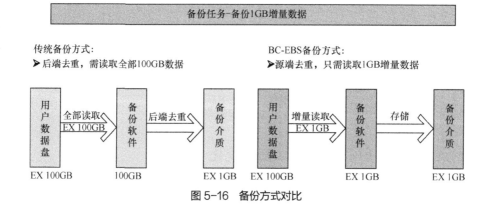

图 5-16　备份方式对比

（2）元数据管理算法优化实现备份间任意删除以及快速恢复功能

元数据管理算法主要实现两个备份的元数据集合的交并补集的获取，是备份恢复的超前计算以及备份删除的任意删除功能的基础算法。

伪代码实现如下所示。

```
采用数学里的集合的交集、补集、并集的思想，考虑两个区间的 6 种情况。
source：备份 a；destination：备份 b，获取每个备份的第一个 interval。以备份 b 为例：
interval[0]=1，interval[1]=3，其实也就是对应的数据存储的偏移量。
// 第 1 种情况：当两个比较区间，source 区间在前，dest 区间在后，没有交集
if source_interval[1] <= dest_interval[0]:
    补集增加 source_interval
    并集增加 source_interval
    Source 读取下一个区间
// 第 2 种情况：当 source 区间在前，dest 区间在后，且有交集的情况下
else if (source_interval[0] < dest_interval[0] and source_interval[1] > dest_
interval[0] and source_interval[1] < dest_interval[1]):
    补集增加 source_interval[0] 到 dest_interval[0] 的区间
    交集增加 dest_interval[0] 到 source_interval[1] 的区间
    并集增加 source_interval[0] 到 dest_interval[0] 的区间
    Source 读取下一个区间
// 第 3 种情况：当 source 区间被包括在 dest 区间内
Else if (source_interval[0] >= dest_interval[0] and source_interval[1] <=
dest_interval[1]):
    并集增加 source_interval 区间
    Source 读取下一个区间
// 第 4 种情况：当 dest 区间被包括在 source 区间内
Else if (source_interval[0] <= dest_interval[0] and source_interval[1] >=
dest_interval[1]):
    交集增加 dest 区间
    If source_interval[0] < dest_interval[0]:
        补集增加 source_interval[0] 到 dest_interval[0] 的区间数据
        并集增加 source_interval[0] 到 dest_interval[0] 的区间数据
    并集增加 dest 区间
    Dest 读取下一个分区
    If dest_interval[1] < source_interval[1]:
    更改 source_interval 的区间，source_interval[0] = dest_interval[1]，因为 dest_
interval[1] 前面的数据已经加入到并集区间内，source_interval 区间变为：dest_interval[1]
到 source_interval[1] 的区间
    Else:
    也就是 source_interval[1] = dest_interval[1]，需要加入后一个 source_interval 区间
// 第 5 种情况：当 dest 区间在前，source 区间在后，且相交
Else if (source_interval[0] > dest_interval[0] and source_interval[0] < dest_
```

```
interval[1] and dest_interval[1] < source_interval[1]):
    交集增加 source_interval[0] 到 dest_interval[1] 的区间
    修改 source_interval[0] = dest_interval[1]
    Dest 区间读取下一个分区
    并集增加 dest 区间
// 第 6 种情况：dest 区间在前，source 区间在后，且无交集
Else if dest_interval[1] <= source_interval[0]:
    Dest 区间读取下一个
    并集增加 dest 区间
// 最后判断若是 source 区间已经读取完成，但是 dest 区间还没有读完，则将剩余的 dest 区间增加到并集内
// 若是 source 区间没有读完，而 dest 区间已经合并完成，则将剩余的 source 区间增加到补集内
// 最终获取完成的交集、补集、并集
}
```

举个例子，如图 5-17 所示。

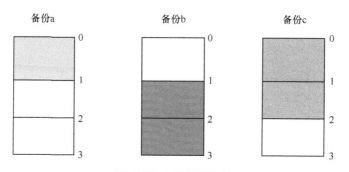

图 5-17　备份数据示意

备份 c 为 dest 区间，备份 b 为 source 区间，补集为 [2, 3]，并集为 [0, 3]，交集为 [1, 2]；基于备份 b、备份 c 的并集，和备份 a 的补集为空，并集为 [0, 3]，交集为 [0, 1]。

传统的增量备份恢复任务需要按照备份链的时间顺序，从前往后依次迭代恢复，这样会导致大量的重复数据被多次覆盖写，降低恢复效率；Ceph 卷备份采用元数据管理算法进行备份数据的超前计算，做到传输数据量最小化。

备份恢复时的超前计算可获取此备份的备份链，并获取备份链里所有备份的元数据信息，从需要备份恢复的备份开始，依次获取父备份，并利用元数据管理算法获取其补集、并集、交集，通过获取的并集再和前一父备份再次进行元数据管理算法计算，获取新的补集、并集、交集，最终计算到第一个备份，完成整个超前计算。

如图 5-18 所示，传统的增量备份恢复策略是从前往后，对所有的备份进行依次覆盖写，从备份 1 恢复到备份 3，需要对第二块的数据重复写 3 次，且共需恢复 60GB 的数据，降

低了恢复效率；Ceph 卷备份恢复策略则反向进行，备份 3 恢复涉及的数据量为 30GB，读写数据降低了 30GB，极大地提升了恢复速率。

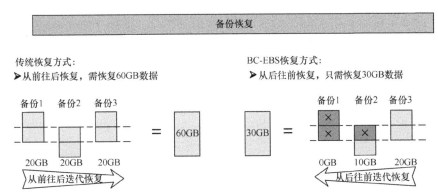

图 5-18　恢复方式对比

传统增量备份是不允许被删除的，除非一个备份处于备份链的末端；否则，中间备份会被后面的备份依赖，删除后会导致子备份的数据丢失。此 Ceph 卷备份采用元数据管理算法，可以实现增量备份的任意删除。删除备份时，会通过备份元数据来检索数据之间的依赖关系。如果一个数据块被子备份引用了，则直接合并到子备份，而如果一个数据块没有被子备份所引用，则直接删除。图 5-19 为 Ceph 卷备份增量备份删除示意图。

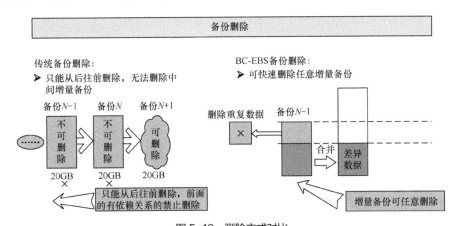

图 5-19　删除方式对比

2. 性能优化

现有的备份驱动策略都是依次进行备份，Ceph 卷备份采用进程 + 协程并发的方式进行上传，极大提升了备份速度。

5.6.3 小结

Ceph 卷备份区别于开源社区的备份驱动实现思路,通过 RBD 原生的 diff 接口实现了增量备份,减少了重复备份数据;通过对备份逻辑的优化,实现了增量备份的任意删除功能以及快速恢复功能;优化了现有的单协程工作,实现了备份上传并发逻辑,从而提升了备份的整体性能。

第 6 章

Chapter 6

常见问题

6.1 集群容量问题

6.1.1 集群容量"丢失"问题

分布式存储系统 Ceph Jewel 版本是一个 LTS 版本，也是大多数基于 Ceph 构建存储解决方案的企业广泛应用的成熟版本之一，本节主要阐述 OSD 在调节权重后，引发的集群容量统计变化现象。

1. 问题由来

图 6-1 所示的对话记录的是真实出现过的问题。在 Ceph 存储系统中，创建存储池 Pool 之后，每个 OSD 会被分配一定数量的 PG，为了使数据分布均匀，充分利用集群的空间，通常需要对集群进行 PG 的均衡操作。调节 PG 均衡的方法，一般是调节 OSD 的权重，通过降低承载 PG 较多的 OSD 的权重，使得 PG 向承载 PG 较少的 OSD 上流动。

Q：我的 Ceph 集群容量怎么变小了？我没有写入新的数据，Pool 的可用容量怎么消失了近一半？

A：怎么会？你做了什么操作了吗？

Q：没有啊，前阵子还好好的。噢，对了！我刚修改过 OSD 的权重，是为了让 OSD 上的 PG 分布相对均衡些。

A：那就对了，就是这个原因造成的。你的 Ceph 是哪个版本的？

Q：Ceph 是 Jewel 版（v10.2.9）的。修改权重会使 Ceph 容量变小？那岂不是得不偿失？

A：问题不是这么简单的，我们看一下代码逻辑吧。

图 6-1 问题的由来

在 Ceph Jewel 版本中，Ceph 的 OSD 权重调节只能通过手动进行；而在 Ceph Luminous 版本中，Ceph 加入了可以自动调节 PG 的工具 pg-upmap，它可以比较方便地均衡 PG 的分布，使得每个 OSD 上 PG 的分布相对均匀，提高整个集群的空间利用率。

2. 场景呈现

准备具有两套 CRUSH Rule 的环境，其中一套底层磁盘为纯 SSD（记为 apple），用来存放元数据 Pool，另一套为纯 HDD（记为 orange），用来存放实体数据 Pool。

如图 6-2 所示，Ceph 存储引擎采用 FileStore，所有存储池均采用三副本策略，相同 CRUSH Rule 下的 Pool 容量空间共享。因此，将 Rule apple 的容量 34920GB 与 Rule orange 的容量 705TB 相加，结果约为 740TB，乘以副本 3，得到存储集群剩余可用容量为 2220TB，数值与 GLOBAL 下的 AVAIL 容量（4022TB）相差了近一半。

从对比数字中可以看出，4022TB 与 2220TB 之间的 1802TB 空间消失不见了。

3. 代码流程

如图 6-2 所示，ceph df 命令输出容量信息分为 GLOBAL 和 POOLS 两个级别。

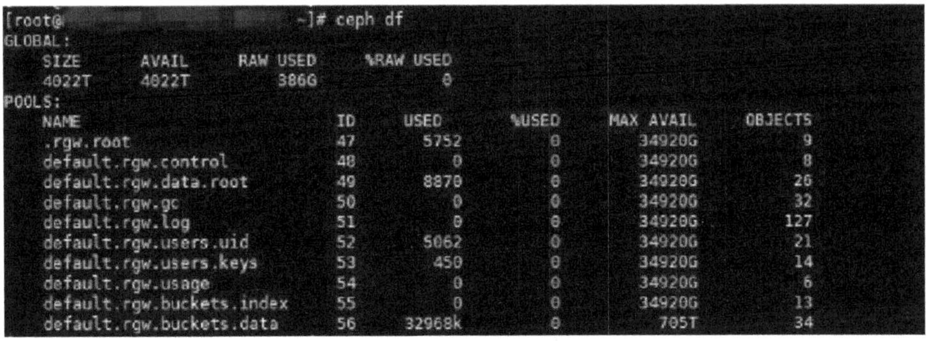

```
[root@              ~]# ceph df
GLOBAL:
    SIZE      AVAIL     RAW USED    %RAW USED
    4022T     4022T     386G        0
POOLS:
    NAME                        ID    USED      %USED    MAX AVAIL    OBJECTS
    .rgw.root                   47    5752      0        34920G       9
    default.rgw.control         48    0         0        34920G       8
    default.rgw.data.root       49    8870      0        34920G       26
    default.rgw.gc              50    0         0        34920G       32
    default.rgw.log             51    0         0        34920G       127
    default.rgw.users.uid       52    5062      0        34920G       21
    default.rgw.users.keys      53    450       0        34920G       14
    default.rgw.usage           54    0         0        34920G       6
    default.rgw.buckets.index   55    0         0        34920G       13
    default.rgw.buckets.data    56    32968k    0        705T         34
```

图 6-2　存储集群容量

GLOBAL 是对整个集群所有 OSD 容量的统计，指标分为 SIZE（集群总容量）、AVAIL（集群可用容量）、RAW USED（集群已使用容量）和 %RAW USED（集群已使用容量占比）4 个变量。

POOLS 是对集群中所有存储池的容量统计，指标分为 NAME（存储池名称）、ID（存储池 ID）、USED（存储池已使用容量）、%USED（存储池已使用容量占比）、MAX AVAIL（存储池最大可用容量）、OBJECTS（存储池内对象个数）6 个变量。

以下代码逻辑分析以社区 Jewel 版本为主，图 6-3 为 ceph df 命令执行后的代码执行逻辑流程图，Monitor::handle_command 是 ceph df 命令的入口，GLOBAL 的容量获取直接调用 PGMonitor::dump_fs_stats，POOLS 的容量获取调用 PGMonitor::dump_pool_stats。

在图 6-3 中，PGMonitor::dump_fs_stats 和 PGMonitor::dump_pool_stats 需要依赖 osd_sum 变量，该变量通过 PGMap::stat_osd_add 获取，每个 OSD 容量的统计通过 OSD 心跳完成，每一次心跳就会查询一次 OSD 上的容量，如图 6-4（左）中的流程所示。

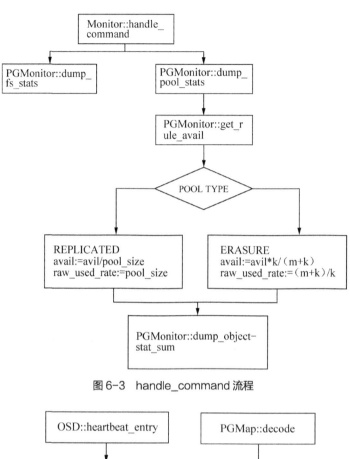

图 6-3　handle_command 流程

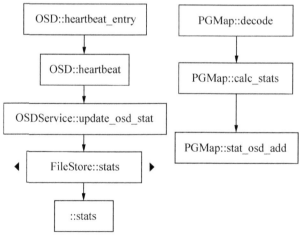

图 6-4　PGMonitor::dump_fs_stats 和 PGMonitor::dump_pool_stats

4. 原理分析

当 Ceph 存储系统接收到 ceph df 命令时，该命令由 Monitor::handle_command 函数

进行处理。

```
void Monitor::handle_command(MonOpRequestRef op)
{

    else if{
        bool verbose = (detail == "detail");
        if (f)
            f->open_object_section("stats");
        pgmon()->dump_fs_stats(ds, f.get(), verbose); //GLOBAL 容量信息
        if (!f)
            ds << '\n';
        pgmon()->dump_pool_stats(ds, f.get(), verbose);//POOL 容量信息
        if (f){
            f->close_section();
            f_.flush(ds);
            ds << '\n';
        }
    }

}
```

以下内容对 GLOBAL 和 POOLS 等进行分析。

（1）GLOBAL 容量统计分析

GLOBAL 集群容量的统计要调用 PGMonitor::dump_fs_stats 函数。

```
void PGMonitor::dump_fs_stats(stringstream &ss, Formatter *f, bool verbose)
const
{
    ...
    else{
        TextTable tb1;
        tb1.define_colume("SIZE", TextTable::LEFT, TextTable::RIGHT);
        tb1.define_colume("AVAIL", TextTable::LEFT, TextTable::RIGHT);
        tb1.define_colume("RAW USED", TextTable::LEFT, TextTable::RIGHT);
        tb1.define_colume("%RAW USED", TextTable::LEFT, TextTable::RIGHT);
        if (verbose){//ceph df 后是否跟 detail 命令，它会显示集群对象总数
            tb1.define_colum("OBJECTS", TextTable::LEFT, TextTable::RIGHT);
        }
        tbl << stringify(si_t(pg_map.osd_sum.kb*1024))  //SIZE 值
            << stringify(si_t(pg_map.osd_sum.kb_avail*1024))  //AVAIL 值
```

```
                    << stringify(si_t(pg_map.osd_sum.kb_used*1024));  //RAW USED 值
          float used = 0.0;
          if (pg_map.osd_sum.kb > 0) {
              used = ((float)pg_map.osd_sum.kb_used / pg_map.osd_sum.kb);
          }
          tbl << percentify(used*100);  //%RAW USED 值
          if (verbose){
              tbl << stringify(si_t(pg_map.pg_sum.stats.sum.num_objects));
//OBJECTS 值
          }
          tbl << TextTable::endrow;
          ss << "GLOBAL:\n";
          tbl.set_indent(4);
          ss << tbl;
      }
}
```

从上述函数中可以明显看到，输出的 SIZE、AVAIL、RAW USED、%RAW USED 这些变量，会统一从 osd_sum 值获取信息，osd_sum 存储了所有 OSD 属性的总和（包括容量属性），osd_sum 的值由以下函数获取。

```
void PGMap::stat_osd_add(const osd_stat_t &s)
{
    num_osd++;
    osd_sum.add(s); // 集群中 OSD 相关属性值相加
}
```

osd_sum 是由每个 OSD 的变量 osd_stat 信息相加而来，而 osd_stat 的变量是由 OSDService::update_osd_stat 更新 OSD 的状态信息获取，每次心跳都会进行一次 OSD 信息的搜集，OSD 心跳的间隔是一个 0.5 ~ 6.5s 之间的随机值。

```
void OSDService::update_osd_stat(vector<int>& hb_peers)
{
    Mutex::Locker lock(stat_lock);
    osd_stat.hb_in.swap(hb_peers);
    osd_stat.hb_out.clear();
    osd->op_tracker.get_age_ms_histogram(&osd_stat.op_queue_age_hist);
    struct statfs stbuf;
    int r = osd->store->statfs(&stbuf);  // 获取 OSD 底层容量统计信息
    if (r < 0) {
```

```
    derr << "statfs() failed: " << cpp_strerror(r) << dendl;
    return;
  }

  uint64_t bytes = stbuf.f_blocks * stbuf.f_bsize;
  uint64_t used = (stbuf.f_blocks - stbuf.f_bfree) * stbuf.f_bsize;
  uint64_t avail = stbuf.f_bavail * stbuf.f_bsize;

  osd_stat.kb = bytes >> 10;   // 通过移位运算实现单位换算，将 B 换算成 KB
  osd_stat.kb_used = used >> 10;
  osd_stat.kb_avail = avail >> 10;

  osd->logger->set(l_osd_stat_bytes, bytes);
  osd->logger->set(l_osd_stat_bytes_used, used);
  osd->logger->set(l_osd_stat_bytes_avail, avail);

  check_nearfull_warning(osd_stat);
  dout(20) << "update_osd_stat " << osd_stat << dendl;
}
```

上述函数中的变量 stbuf 通过 FileStore::statfs 获取 OSD 的状态信息，最终通过调用系统函数 ::statfs 来获取 /var/lib/ceph/data/ceph-x 的文件系统的统计信息。

```
int FileStore::statfs(struct statfs *buf)
{
  if (::statfs(basedir.c_str(), buf) < 0){
   // 调用系统函数获取 /var/lib/ceph/data/ceph-X 大小
    int r = -errno;
    assert(!m_filestore_fail_eio || r != -EIO);
    assert(r != -ENOENT);
    return r;
  }
  if (journal) {
   // 对 journal 中在写的数据进行预估，并减去即将落盘的该值
    fsblkcnt_t estimate = DIV_ROUND_UP(journal->get_journal_size_estimate(), \
buf->f_bsize)
      if (buf->f_bavail > estimate) {
        buf->f_bavail -= estimate;
        buf->f_bfree -= estimate;
      }else{
        buf->f_bavail = 0;
        buf->f_btree = 0;
```

```
        }
    }
    return 0;
}
```

其中，::statfs 的返回值 statfs 的类型如下。

```
struct statfs{
    long    f_type;             /* 文件系统类型  */
    long    f_bsize;            /* 经过优化的传输块大小  */
    long    f_blocks;           /* 文件系统数据块总数 */
    long    f_bfree;            /* 可用块数  */
    long    f_bavail;           /* 非超级用户可获取的块数  */
    long    f_files;            /* 文件结点总数 */
    long    f_ffree;            /* 可用文件结点数 */
    fsid_t  f_fsid;             /* 文件系统标识 */
    long    f_namelen;          /* 文件名的最大长度 */
}
```

调用系统函数 ::statfs 可获取 /var/lib/ceph/data/ceph-x 的文件系统统计信息，为了验证方便，可以用 stat -f /var/lib/ceph/data/ceph-x 的命令来等价替代。

（2）计算验证

该集群共有 240 块 SATA SSD 和 720 块 SATA HDD。为了方便验证和计算，从 240 块 SATA SSD 和 720 块 SATA HDD 中随机选择一块，进行计算。

图 6-5 给出了 SSD 盘的 OSD 的容量信息，该磁盘承载了 osd.12 服务，通过 stat -f /var/lib/ceph/osd/ceph-12 获取 OSD 数据盘的容量信息。

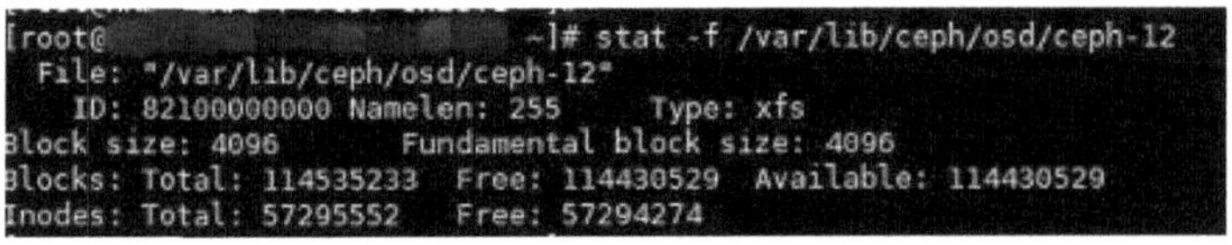

```
[root@          ~]# stat -f /var/lib/ceph/osd/ceph-12
  File: "/var/lib/ceph/osd/ceph-12"
    ID: 82100000000 Namelen: 255      Type: xfs
Block size: 4096        Fundamental block size: 4096
Blocks: Total: 114535233  Free: 114430529  Available: 114430529
Inodes: Total: 57295552   Free: 57294274
```

图 6-5 osd.12 状态信息

图 6-6 给出了 HDD 盘的 OSD 的容量信息，该磁盘承载了 osd.111 服务，通过 stat -f /var/lib/ceph/osd/ceph-111 获取 OSD 数据盘的容量信息。

对于 SSD 盘，可以计算出数据盘的容量为 114535233 × 4096B ≈ 436.92GB，SSD 硬盘个数是 240，所以 SSD 盘的总容量为 436.92GB × 240 = 104860.8GB。

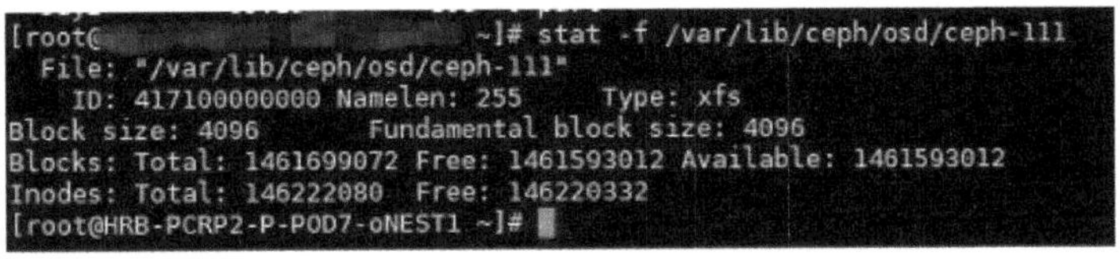

图 6-6　osd.111 状态信息

对于 HDD 盘，可以计算出数据盘容量 1461699072 × 4096B ≈ 5575.94GB，HDD 磁盘个数是 720，所以 HDD 盘的总容量为 5575.94GB × 720 = 4014676.8GB。

SSD 和 HDD 容量信息见表 6-1。

表 6-1　SSD 和 HDD 容量信息

OSD 后端设备	Block size（Byte）	Block Total	Block Available	OSD 个数	总容量	可用总容量
SSD	4096	114535233	114430529	240	104860.8GB	104760GB
HDD	4096	1461699072	1461593012	720	4014676.8GB	4010803.2GB

从表 6-1 可得出如下结论。

1）将 SSD 和 HDD 二者总容量相加得到集群的近似总容量 4014676.8GB + 104860.8GB = 4119537.6GB ≈ 4022.99TB。与 ceph df 命令输出中显示 SIZE 的 4022TB 近似相同；

2）将可用容量相加得到集群的近似可用容量 4019TB，与 ceph df 命令输出中显示 AVAIL 的 4022TB 存在 3TB 容量的差距。

这里做了计算上的简化。由于测试时该集群已经写入少量的数据，代码中 osd_sum 这个变量是将所有的 OSD 的相关容量相加而得。为了统计和计算方便，假设所有 SSD 的 OSD 和 HDD 的 OSD 的可用容量信息都一样，选取的 osd.12 和 osd.111 代表所有的 SSD 和 HDD 的 OSD 容量信息，计算结果会存在一定的误差。

（3）POOLS 容量统计分析

POOLS 容量的统计是针对每个存储池的，相同的 CRUSH Rule 存储池的存储空间是共用的。比如图 6-2 中，.rgw.root、default.rgw.control、default.rgw.data.root、default. rgw.gc、default.rgw.log、default.rgw.users.uid、default.rgw.users.keys、default.rgw. usage、default.rgw.buckets.index 共用 apple（CRUSH Rule 的名称），所以 MAX AVAIL 的数值是相同的；而 default.rgw.buckets.data 采用的是 orange（CRUSH Rule 的名称），统计的容量与其他存储池不同。

POOLS 集群容量的统计调用 PGMonitor::dump_pool_stats 函数来实现。

```
void PGMonitor::dump_pool_stats(stringstream &ss, Formatter *f, bool verbos e)
{

  tbl.define_column("USED", TextTable::LEFT, TextTable::RIGHT);  // 已使用的容量
  tbl.define_column("%USED", TextTable::LEFT, TextTable::RIGHT);  // 已使用的容量占比
  tbl.define_column("MAX AVAIL", TextTable::LEFT, TextTable::RIGHT);  // 最大可用容量
  tbl.define_column("OBJECTS", TextTable::LEFT, TextTable::RIGHT);  // 存储池中
的对象数量
  if (verbose) {
  tbl.define_column("DIRTY", TextTable::LEFT, TextTable::RIGHT);
  tbl.define_column("READ", TextTable::LEFT, TextTable::RIGHT);
  tbl.define_column("WRITE", TextTable::LEFT, TextTable::RIGHT);
  tbl.define_column("RAW USED", TextTable::LEFT, TextTable::RIGHT);
}
}

map<int, uint64_t> avail_by_rule;
OSDMap &osdmap = mon->osdmon()->osdmap
for (map<int64_t, pg_pool_t>::const_iterator p = osdmap.get_pools().begin();
                p != osdmap.get_pools().end(); ++p) {// 对每个 Pool 进行遍历统计
  int64_t pool_id = p->first;
  if ((pool_id < 0) || (pg_map.pg_pool_sum.count(pool_id) == 0))
    continue;
  const string& pool_name = osdmap.get_pool_name(pool_id);
  pool_stat_t &stat = pg_map.pg_pool_sum[pool_id];
  const pg_pool_t *pool = osdmap.get_pg_pool(pool_id);
  int ruleno = osdmap.crush->find_rule(pool->get_crush_ruleset(), pool->get_type(),
                      pool->get_size());// 返回 Pool 对应的 Rule 序号
  int64_t avail;
  float raw_used_rate;// 使用率
  if (avail_by_rule.count(ruleno) == 0) {
    avail = get_rule_avail(osdmap, ruleno);  // 根据 Rule 序号获取存储池可用容量
    if (avail < 0)
      avail = 0;
    avail_by_rule[ruleno] = avail;
  } else {
    avail = avail_by_rule[ruleno];
  }
  switch (pool->get_type()) {
    case pg_pool_t::TYPE_REPLICATED:  // 副本策略
        avail /= pool->get_size();
        raw_used_rate = pool->get_size(); // 副本数
```

```
        break;
    case pg_pool_t::TYPE_ERASURE:  // 纠删码策略
    {
        const map<string, string>& ecp =
  osdmap.get_erasure_code_profile(pool->erasure_code_profile);
        map<string,string>::const_iterator pm = ecp.find("m");
        map<string,string>::const_iterator pk = ecp.find("k");
        if (pm != ecp.end() && pk != ecp.end()) {
          int k = atoi(pk->second.c_str());
          int m = atoi(pm->second.c_str());
          avail = avail * k / (m + k);
          raw_used_rate = (float)(m + k) / k;
        }else{
          raw_used_rate = 0.0;
        }
    }
    break;
    default:
        assert(0 == "unrecognized pool type");
    }
...


    }
    // 显示容量统计变量
dump_object_stat_sum(tbl, f, stat.stats.sum, avail, raw_used_rate, verbo se, pool);
if (f)
  f->close_section();  // stats
else
  tbl << TextTable::endrow;

if (f)
  f->close_section();  // pool
}
if (f)
    f->close_section();
else{
    ss << "POOLS:\n";
    tbl.set_indent(4);
    ss << tbl;
}
}
```

从上述函数第 18 行开始，会针对每个 Pool 获取 Pool 的 CRUSH Rule 序号。由于 Pool 和 CRUSH Rule 之间是多对一的关系，也就是说多个 Pool 可以对应同一条 Rule，每一条 Rule 对应一个容量统计，而一个 Pool 只能选取一条 Rule，不能对应多条 Rule，即同一条规则上的 Pool 的容量是共享的。所以查询 Pool 的容量，只需要找到 Pool 对应的 Rule，根据 Rule 查询该 Rule 下的容量，即为 Pool 的容量。函数的第 32 ～ 39 行即实现此功能。

上述函数中调用 PGMonitor::get_rule_avail 获取 Rule 的可用容量 AVAIL，再根据存储池采用的副本策略，算出实际可用容量，如果是三副本，则最终的可用容量为 AVAIL = AVAIL / 3，下面可以具体看一下 PGMonitor::get_rule_avail 函数的逻辑。

```
int64_t PGMonitor::get_rule_avail(OSDMap& osdmap, int ruleno) const
{
  map<int, float> wm;
  // 获取每个 OSD 的权重占比，存入变量 wm
  int r = osdmap.crush->get_rule_weight_osd_map(ruleno, &wm);
  if(r < 0)
return r;
  if (wm.empty())
return 0;
  int64_t min = -1;
  for (map<int, float>::iterator p = wm.begin(); p != wm.end(); ++p){
ceph::unordered_map<int32_t, osd_stat_t>::const_iterator osd_info =
  pg_map.osd_stat.find(p->first);
if (osd_info != pg_map.osd_stat.end()) {
  if (osd_info->second.kb == 0 || p->second == 0) {
  // osd must be out, hence its stats have been zeroed
  // (unless we somehow managed to have a disk with size 0...)
  //(p->second == 0), if osd weight is 0, no need to calculate proj below.
    continue;
  }
// 不可用容量，其中 mon_osd_full_ratio 默认值为 0.95
double unusable = (double)osd_info->second.kb * (1.0 - g_conf->mon_osd_full_ratio);
double avail = MAX(0.0, (double)osd_info->second.kb_avail - unusab le) ;//OSD 可用容量
avail *= 1024.0;
//OSD 的可用容量除以该 OSD 权重占比，获得集群近似可用容量
int64_t proj = (int64_t)(avail / (double)p->second)
if (min < 0 || proj < min) {
// 从每个 OSD 计算出的集群近似可用容量中获取最小值，作为集群的可用容量
min = proj;
}
}else{
  dout(0) << "Cannot get stat of OSD " << p->first << dendl;
}
  }
  return min;
}
```

变量 wm 用来存放每个 OSD 的权重占比，调用 CrushWrapper::get_rule_weight_osd_map 获取每个 OSD 的权重占比，赋予变量 wm 中。代码第 13 ~ 16 行遍历每个 OSD，通过每个 OSD 的权重比来估算 Rule 的近似容量。从每个 OSD 估算出的近似容量中选取最小值，作为 Rule 下的最终近似容量。第 25 行中的变量 unusable 表示不可用容量，由于集群默认每个 OSD 的可用容量为 95%（mon_osd_full_ratio 默认值为 0.95），利用率超出这个值，集群将会报错。所以 OSD 的可用容量是将 OSD 的剩余容量减去不可用容量，得到 AVAIL 数据。将 OSD 的可用容量 AVAIL 除以该 OSD 在该 Rule 下的权重占比，估算出该 Rule 下可用容量 proj。也就是说，每个 OSD 都对应一个可用容量 proj，从所有的 proj 中选取最小的值，作为 Rule 的可用容量。

5. 算法分析

为了方便统计和计算，假设 Rule 的序号为 x，该 Rule 下 OSD 的个数为 n。第 i 个 OSD 的权重为 w_i，第 i 个 OSD 的总容量为 S_i，第 i 个 OSD 的剩余容量 F_i，$i = 1$，$2 \cdots n$。使用的算法如下。

Step1：遍历每个 OSD，计算每个 OSD 的权重占比 p_i。

Step2：遍历每个 OSD，计算每个 OSD 的不可用容量 $(1 - full_{ratio}) \times S_i$。

Step3：计算出第 i 个 OSD 的可用容量 $avail_i$。

Step4：计算出第 i 个 OSD 的 Rule 下的容量估算值 $proj_i$。

Step5：选出最小的 $proj_i$ 作为 Rule 下的最大可用容量，根据 Pool 的存储策略算出 Pool 的最大可用容量。

具体的计算公式如下。

所有 OSD 权重总和的计算公式见式 6-1。

$$W_{sum} = \sum_{i=1}^{n} w_i \qquad （式 6-1）$$

第 i 个 OSD 权重占比的计算公式见式 6-2。

$$p_i = \frac{w_i}{w_{sum}} = \frac{w_i}{\sum_{i=1}^{n} w_i}, \ i=1, 2, 3, \cdots, n \qquad （式 6-2）$$

根据上述第 27 行代码，第 i 个 OSD 的可用容量的计算公式见式 6-3。

$$avail_i = F_i - (1 - full_{ratio}) \times S_i \qquad （式 6-3）$$

依据上述第 29 行代码，第 i 个 OSD 的 Rule 下容量估算值的计算公式见式 6-4。

$$proj_i = \frac{avail_i}{p_i}, i=1, 2, 3, \cdots, n \qquad （式 6-4）$$

将变量 $avail_i$ 和 p_i 的计算公式代入式 6-4，可得式 6-5。

$$proj_i = \frac{avail_i}{p_i} = \frac{F_i - (1 - full_{ratio}) \times S_i}{\dfrac{w_i}{\sum_{i=1}^{n} w_i}}, i=1, 2, 3, \cdots, n \qquad （式 6-5）$$

Rule x 下的最大可用容量的近似值计算如式 6-6 所示。

$$avail_{pool}^x = \min_{i=1,2,3,\cdots,n} proj_i = \min_{i=1,2,3,\cdots,n} \frac{F_i - (1 - full_{ratio}) \times S_i}{\dfrac{w_i}{\sum_{i=1}^{n} w_i}}, i=1, 2, 3, \cdots, n \qquad （式 6-6）$$

如果要算出 Pool 的最大可用容量，需要获取 Pool 的存储池策略对应的冗余数，分为如下两种情况。

（1）副本策略

若采用 r 个副本存储策略，则最终 Pool 的最大可用容量的计算如式 6-7 所示。

$$avail_{pool}^x = \min_{i=1,2,3,\cdots,n} (proj_i / r) = \min_{i=1,2,3,\cdots,n} \left[\frac{F_i - (1 - full_{ratio}) \times S_i}{\dfrac{w_i}{\sum_{i=1}^{n} w_i}} / r \right], i=1, 2, 3, \cdots, n \qquad （式 6-7）$$

（2）纠删码策略

若数据块的个数为 k，校验码的个数为 m，则 Pool 的最大可用容量的计算如式 6-8 所示。

$$avail_{pool}^x = \min_{i=1,2,3,\cdots,n} (proj_i / r) = \min_{i=1,2,3,\cdots,n} \left[\frac{F_i - (1 - full_{ratio}) \times S_i}{\dfrac{w_i}{\sum_{i=1}^{n} w_i}} / r \right], i=1, 2, 3, \cdots, n \qquad （式 6-8）$$

6. 计算验证

回到我们的环境中，根据上述推导的公式，可算出 Pool 的最大可用容量。

再次列出该环境参数：本环境中有 720 块 HDD 和 240 块 SSD，两个 CRUSH Rule（一个 Rule 是将所有的 SSD 组合在一起，命名成 apple；另一个 Rule 是将所有的 HDD 组合在一起，命名成 orange）。所有的 SSD 容量均相同，所有的 HDD 容量也相同。集群参数 mon_osd_full_ratio = 0.95，采用三副本策略。所有的后端设备是 SSD 的 OSD 权重均为 1，所有的后端设备为 HDD 的 OSD 权重做过 reweight 调节，利用脚本计算最大权重为 10.08，最小权重为 2.88，权重总和为 3920.35，如图 6-7 所示。

图 6-7　Ceph-OSD 权重调节

查看环境的 Ceph 版本号如图 6-8 所示。

```
[root@          ~]# ceph -v
ceph version 10.2.9-18 (                                    )
```

图 6-8　Ceph 版本号

由于 v10.2.9 版本的代码在计算 AVAIL 值时与 Jewel 等其他小版本存在差别，即与函数 PGMonitor::get_rule_avail 不太一样，下面是 v10.2.9 版本的代码。

```
int64_t PGMonitor::get_rule_avail(OSDMap& osdmap, int ruleno) const
{
  map<int, float> wm;
  // 获取每个 OSD 的权重占比存入变量 wm
  int r = osdmap.crush->get_rule_weight_osd_map(ruleno, &wm);
  if (r < 0)
return r;
  if(wm.empty())
return 0;
  int64_t min = -1;
  for (map<int, float>::iterator p = wm.begin(); p != wm.end(); ++p){
ceph::unordered_map<int32_t, osd_stat_t>::const_iterator osd_info =
pg_map.osd_stat.find(p->first);
if (osd_info != pg_map.osd_stat.end()) {
  if (osd_info->second.kb == 0 || p->second == 0) {
  // osd must be out, hence its stats have been zeroed
// (unless we somehow managed to have a disk with size 0...)
// (p->second == 0), if osd weight is 0, no need to calculate proj below.
continue;
    }
    int64_t proj = (int64_t)((double)((osd_info->second).kb_avail * 1024 ull) /
      (double)p->second); //OSD 的可用容量除以该 OSD 的权重占比，获得集群近似可用容量
    // 从每个 OSD 计算出的集群近似可用容量中获取最小值，作为集群的可用容量
if (min < 0 || proj < min)
  min = proj;
}else{
  dout(0) << "Cannot get stat of OSD " << p->first << dendl;
    }
```

```
    }
    return min;
}
```

与 Jewel 版本的区别在于，上述代码中在计算 AVAIL 容量时，不需要减去 unusable 变量，即 OSD 不可用容量（与参数 mon_osd_full_ratio 的取值无关）。所以，计算第 i 个 OSD 的可用容量 $avail_i = F_i$，可得到 Pool 的最大可用容量。

获取 Pool 的存储池策略对应的冗余数后，分两种情况来计算 Pool 的最大可用容量，需要将原式 6-7、式 6-8 做如下变化。

（1）副本策略

若采用 r 个副本存储策略，则最终 Pool 的最大可用容量的计算如式 6-9 所示。

$$avail_{pool}^x = \min_{i=1,2,3,\cdots,n}(proj_i/r) = \min_{i=1,2,3,\cdots,n}\left[\frac{F_i}{\frac{w_i}{\sum_{i=1}^n w_i}}/r\right], i=1,2,3,\cdots,n \qquad （式 6-9）$$

（2）纠删码策略

若数据块的个数为 k，校验码的个数为 m，则 Pool 的最大可用容量的计算如式 6-10 所示。

$$avail_{pool}^x = \min_{i=1,2,3,\cdots,n}\left(proj_i\frac{k}{k+m}\right) = \min_{i=1,2,3,\cdots,n}\left[\frac{F_i}{\frac{w_i}{\sum_{i=1}^n w_i}}\frac{k}{k+m}\right], i=1,2,3,\cdots,n \qquad （式 6-10）$$

为了计算方便起见，做如下理想情况的假设。

◆ 默认排除 SSD 之间硬件上的差异，HDD 之间硬件上的差异；

◆ 由于该集群已经使用了一些容量，但是使用的容量相比这个集群的总容量量级而言相对较小，对其忽略不计。所有的 SSD 和 HDD 的 OSD 容量统计如表 6-1 所示，SSD 数据盘的容量 114535233 × 4096B ≈ 437GB，剩余可用容量 114430529 × 4096B ≈ 436.5GB。HDD 数据盘的容量为 1461699072 × 4096B ≈ 5.45TB，剩余可用容量为 1461593012 × 4096B ≈ 5.44TB。

根据上述假设可以得到对应的变量值。

Rule apple：n=240，S_i=437GB，F_i=436.5GB，r=3，$full_{ratio}$=0.95，w_i=1。将这些值代入式 6-9，可得以下计算结果。

$$avail_{\text{pool}}^{\text{SSD}} = \min_{i=1,2,3,\cdots,240}(proj_i/3) \approx \min_{i=1,2,3,\cdots,240}\left[\frac{436.5}{\frac{1}{\sum_{i=1}^{240}1}}/r\right] = \frac{\frac{436.5}{3}}{240} = 34920\,(\text{GB})$$

Rule orange：n=720，S_i=5.45TB，F_i=5.44TB，r=3，$full_{\text{ratio}}$=0.95，$w_{\min}$=2.88，$w_{\max}$=10.08，w_{sum}=3920.35。将这些值代入式 6-9，可得以下计算过程。

$$avail_{\text{pool}}^{\text{HDD}} = \min_{i=1,2,3,\cdots,720}(proj_i/3) \approx \min_{i=1,2,3,\cdots,720}\left(\frac{\frac{5.44}{w_i}}{3920.35}/3\right)$$

要想求上述结果的最小值，只需要 w_i 取最大值 3920.35 即可。将该值代入计算可得如下结果。

$$avail_{\text{pool}}^{\text{HDD}} \approx \frac{5.44}{\frac{3 \times 10.08}{3920.35}} \approx 705.25\,(\text{TB}) \approx 705\,(\text{TB})$$

也就是说，采用 Rule apple 的 Pool 显示的 MAX AVAIL 值应该是 34920GB；采用 Rule orange 的 Pool 显示的 MAX AVAIL 值应该是 705TB。上述结果与图 6-2 中的 ceph df 结果完全一致。

7. 总结

根据上述代码分析，存储池 Pool 的最大可用容量与集群 GLOBAL 下的可用容量统计方法存在差异。GLOBAL 是将所有 OSD 的可用容量相加计算得到的，而 Pool 是根据该 Pool 所属的 CRUSH Rule 的容量统计得到的。CRUSH Rule 中每个 OSD 的容量除以权重占比，最后选取所有值中的最小值作为该 Rule 下可用容量，再根据 Pool 的存储策略（副本或者纠删码）算出最终 Pool 的可用容量。

代码的原理分析也能够回答本章节开始部分关于"消失"的容量的解释。调整 OSD 的权重，并不会使集群容量真正消失，只是容量的统计会产生变化，因为可用容量的统计最终只会选取所有相关 OSD 中的"最小值"来进行计算。

6.1.2 PG 均衡问题

1. 问题由来

当 Ceph 集群中任意一个磁盘被写满时，整个集群就会被标记为满，并阻止所有客户端后续向该集群写入数据。这种空间控制策略虽然看上去有些极端（例如将整个集群标记为满时，其整体空间使用率可能还不到 70%），但却是这类分布式存储系统的必要举措，因为人们无法预料客户端的写入最终会落到哪个磁盘上。

为了满足分布式存储系统的商用可靠性需要，Ceph 当前主流的数据备份策略还是三副本（也有纠删码使用案例），受限于样本容量和 CRUSH 自身缺陷，上述存储空间控制策略会在 Ceph 的生产环境落地环节中引发一些问题，主要有以下问题。

首先，在生产环境中，Ceph 集群的空间利用率普遍不高，一些极端情况下可能更低，进而导致与传统存储方案相比，转投 Ceph 的空间成本居高不下，达不到降本增效的目的。

其次，参考经验数据，大部分本地文件系统在磁盘空间使用率超过 80% 时，性能会出现严重衰减，其上的操作都会变得极其缓慢（例如 ZFS 在空间使用率超过 80%，并且碎片化比较严重后，性能最高会下降一半左右）。如果 Ceph 存储系统中磁盘之间的空间使用率过于悬殊，存储系统整体的性能会出现较大的波动（受限于 Ceph 的数据强一致性写入策略，存储数据最多、文件系统性能衰减最大的 OSD 会成为存储系统整体性能的"木桶短板"）。

为解决上述问题，必须对存储集群数据分布进行调整，使得任意时刻集群中的所有 OSD 的空间使用率都尽可能趋于一致。

2. 可行的调节手段

一个比较容易被忽略的细节是，虽然每个 OSD 的存储空间统计的颗粒度都可以细化到字节，但在 Ceph 存储系统层面却没有手段直接通过容量来进行 OSD 使用空间的均衡调整，Ceph 的数据均衡只能以 PG 为基本单位进行。

这从原理上否定了使整个存储集群达到完美空间均衡状态的可能性。退而求其次，能不能将每个 OSD 上的 PG 数量尽量调整至趋于平衡呢？在回答这个问题之前，首先需要研究为什么 PG 会在 OSD 之间分布不均衡。

由伪随机函数的特征可知，如果输入样本容量足够大，那么可以保证输出结果足够离散。即如果将 100 万个 PG 随机映射到 10 个 OSD 上，那么极大概率可以使每个 OSD 上的 PG 数量偏差不超过 1%；反之，如果样本容量空间很小，例如将 100 个 PG 随机映射到 10 个 OSD 上，那么每个 OSD 上最终分布的 PG 数量则很可能成为一个相对悬殊的状态。表 6-2 所示的这个例子展示了一个小容量集群的 PG 分布情况。

因此，如果整个集群的对象数量足够多，那么可以保证每个 PG 中的对象数量基本上是一致的；进一步地，如果保证每个 OSD 上的 PG 数量一样多，那么理论上也可以保证每

个 OSD 分布的对象数量趋于一致，从而保证每个 OSD 的空间利用率趋于一致，如表 6-3
所示。

表 6-2　集群 PG 初始分布情况

ID	CLASS	WEIGHT	REWEIGHT	SIZE	USE	AVAIL	%USE	VAR	PGS
0	SSD	1	1	10303MB	1088MB	9215MB	10.56	1	11
1	SSD	1	1	10303MB	1088MB	9215MB	10.56	1	10
2	SSD	1	1	10303MB	1088MB	9215MB	10.56	1	7
3	SSD	1	1	10303MB	1088MB	9215MB	10.56	1	6
4	SSD	1	1	10303MB	1088MB	9215MB	10.56	1	8
5	SSD	1	1	10303MB	1088MB	9215MB	10.56	1	6
TOTAL				61818MB	6528MB	55290MB	10.56		

表 6-3　集群 PG 及数据承载情况

ID	CLASS	WEIGHT	REWEIGHT	SIZE	USE	AVAIL	%USE	VAR	PGS
0	SSD	0.5486	1	561GB	520GB	42334MB	92.64	1	123
1	SSD	0.5486	1	561GB	529GB	33520MB	94.17	1.01	123
2	SSD	0.5486	1	561GB	521GB	41272MB	92.83	1	123
3	SSD	0.5486	1	561GB	518GB	44624MB	92.24	0.99	123
4	SSD	0.5486	1	561GB	521GB	40955MB	92.88	1	124
5	SSD	0.5486	1	561GB	528GB	34296MB	94.04	1.01	123
6	SSD	0.5486	1	561GB	522GB	40511MB	92.96	1	123
7	SSD	0.5486	1	561GB	514GB	47982MB	91.66	0.99	123
8	SSD	0.5486	1	561GB	521GB	41449MB	92.79	1	123
9	SSD	0.5486	1	561GB	526GB	36501MB	93.65	1.01	123
10	SSD	0.5486	1	561GB	533GB	28540MB	95.04	1.02	123
11	SSD	0.5486	1	561GB	510GB	52701MB	90.84	0.98	123
12	SSD	0.5486	1	561GB	517GB	45390MB	92.11	0.99	124
13	SSD	0.5486	1	561GB	525GB	37370MB	93.5	1.01	123
14	SSD	0.5486	1	561GB	514GB	48372MB	91.59	0.99	123
15	SSD	0.5486	1	561GB	526GB	36010MB	93.74	1.01	123
TOTAL				8976GB	8345GB	636GB	92.92		

为了让 PG 在每个 OSD 之间的分布趋于平衡，一种方法是大幅度提升每个 OSD 上驻留
的 PG 数量，然而实际上出于资源消耗和控制颗粒度的考虑，每个 OSD 上分布的 PG 数量
不可能太多（例如 Ceph 推荐每个 OSD 上的 PG 数量为 100 左右），因此这个方法在实际
应用中较难落地；另一种方法则是对 PG 映射至 OSD 的过程进行调整（或者说人工干预），
这种调整可以采用以下多种方式进行。

（1）OSD CRUSH reweight

该命令接口提供调整 CRUSH 规则默认的权重能力，可以对单独的 OSD 重新设置权重，也可以对所有的 OSD 进行权重调节。该方法不适合给大规模集群使用（已被社区的 balancer 功能代替）。权重 reweight 值的设置可以根据设备利用率来调节。

（2）balancer

这是 Ceph Luminous 版本新增加的功能，可以优化全局 PG 分布的情况，达到 OSD 之上 PG 最多相差为 1 的效果。此功能的使用步骤如下。

1）使用"ceph mgr module enable balancer"开启组件；

2）使用"ceph balancer on"开启功能；

3）设置工作模式"ceph balancer <mode>"，其中，<mode> 可设为 crush-compat，用于兼容老的客户端，也可以设为 unmap，针对新的客户端。

（3）PG Autoscaler

Autoscaler 是一款自动为每个存储池设定 PG 数的工具，可以根据池中数据情况进行改变。在 N 版本之前，PG 数目只能增大，不可以减少；在 N 版本之后，PG 数目可以增加和减少。Autoscaler 提供自动扩展（on）和告警（warn）模式。

（4）修改 Pool 的 PG 数量

Ceph N 版之后允许存储池增加或者减少 PG 的数量（需同时修改 PG 和 PGP 的参数配置），具体可使用"ceph osd pool set xxx pg_num yyy"命令。

提高 PG 数量可以使得 PG 分散得更加均衡。一些测试结果表明，PG 数目越大，标准差越小，利于集群数据均衡分布。

3. 常用的 PG 均衡实现方法

Ceph Luminous 版本之后提供的 balancer 功能是当前较为便捷的调整集群 PG 分布的利器，前文介绍到 balancer 有两种模式。

（1）crush-compat 模式

crush-compat 模式使用 compat weight-set 功能（在 Luminous 版本中引入）来管理 CRUSH 层次结构中设备的替代权重集。正常权重应保持设置为设备的大小，以反映要存储在设备上的目标数据量。然后，平衡器（balancer）优化权重设置值，以较小的增量向上或向下调整权重设置值，以实现与调整目标尽可能接近的分布（由于 PG 放置是一个伪随机过程，因此放置中会有自然的变化，通过优化权重抵消了该自然变化）。

该模式可与较旧的客户端完全兼容：当 OSDMap 和 CRUSH 映射与较旧的客户端共享时，将优化的权重表示为"实际"权重。

此模式的主要限制是，如果 CRUSH 层次结构的子树共享了 OSD，则平衡器无法使用不同的放置规则来处理多个 CRUSH 层次结构，即 Balancer 功能不适用于 CRUSH 规则共享 OSD 的场景。

（2）unmap 模式

从 Luminous 版本开始，OSDMap 可以存储单个 OSD 的显式映射，这些映射条目提供了对 PG 映射的颗粒度控制。此 CRUSH 模式将优化各个 PG 的位置，以实现平衡分配。在大多数情况下，这种分布是"完美的"，每个 OSD 上的 PG 数量相等（差值在 ±1PG）。请注意，使用 upmap 要求所有客户端均为 Luminous 或更高版本。

在 Ceph Luminous 版本之后，主要采用 balancer 来实现 PG 均衡，其主要操作步骤如下。

1）开启 balancer，并设置 balancer 模式为 crush-compat。

```
/var/lib/ceph/bin/ceph mgr module ls
/var/lib/ceph/bin/ceph mgr module enable balancer
/var/lib/ceph/bin/ceph balancer on
/var/lib/ceph/bin/ceph balancer mode crush-compat
/var/lib/ceph/bin/ceph config-key set mgr/balancer/max_misplaced 0.0005
```

2）重复以下步骤，直到提示没有调整余地为止（出现"Error EDOM: Unable to find further optimization, change balancer mode and retry might help"报错）。

```
/var/lib/ceph/bin/ceph balancer eval
/var/lib/ceph/bin/ceph balancer optimize myplan {pool_name, pool_name, …}
/var/lib/ceph/bin/ceph balancer eval myplan
/var/lib/ceph/bin/ceph balancer status
 /var/lib/ceph/bin/ceph config-key dump
/var/lib/ceph/bin/ceph balancer show myplan
/var/lib/ceph/bin/ceph balancer execute myplan
/var/lib/ceph/bin/ceph balancer reset
```

注意，这个地方列出来的 Pool 都是使用的同一个 CRUSH Rule，即调整是针对使用同一个 CRUSH Rule 创建的 Pool 进行的。

3）执行完毕后要关闭 balancer 自动均衡功能，否则 balancer 会一直自动均衡集群的

PG 分布。

```
# 关闭自动均衡
/var/lib/ceph/bin/ceph balancer off
```

6.2 时间调整问题

6.2.1 时钟同步要求

1. Mon 服务之间的时钟同步要求

在 Ceph 中，OSDMap 等信息的更新依赖于 Paxos 机制，Paxos 机制要求节点之间必须满足强一致性的要求，而时钟同步是最基本的要求。Monitor 节点的时钟同步误差要求在一定范围内，这样才能保证同一个租约（lease）内信息的一致。

当 Monitor 节点的时间不一致，使用 ceph health detail 命令就会输出 MON_CLOCK_SKEW、clock skew detected on mon.xx 等告警信息。Monitor 节点时钟偏差过大，时钟出现偏差的节点会被踢出 quorum，而通过该 Monitor 节点转发 becaon 信息的 OSD 进程也会因为心跳检测无法被主 Monitor 节点收集，批量被主 Monitor 节点标记为 down 状态，最终引起集群崩溃。保持节点的时间一致性是保证集群稳定运行不可或缺的一环。

Ceph 对每个 Mon 服务之间的时间同步默认时延要求在 0.05s 之内，这个时间在有些场景下显得太短了，特别是跨机房部署的时候，机房网络时延过大就会出问题。一般我们会略微调高这个时间，通过在配置文件 ceph.conf 中增加 "mon_clock_drift_allowed = 0.15"，将同步延时时间调整到 0.15s。

2. 用户和 RGW 之间的时钟同步要求

Ceph 通过 RGW 向普通用户提供对象存储服务，而对象存储服务中常用的框架协议标准是 S3 和 Swift。用户如果通过 S3 接口来访问对象存储服务，必须按照 S3 协议标准中的 v2/v4 签名（signature）要求来提供签名认证信息。计算 v2/v4 签名认证信息的过程，涵盖了 Date 及 Time 信息，而这个签名认证信息也有时效性要求，一般时间是 15min。在服务端根据用户提供的签名认证信息做认证的时候，如果服务端和用户之间的时钟偏差过大，超过了 15min 的时钟偏差，用户的访问会因为校验信息超出了 S3 的签名认证信息的有效期而被拒绝。

正常情况下，通过 Ceph 给外部客户提供对象存储服务的过程中，要保证外部客户和对象存储服务端的时钟误差保持在一定的时钟误差范围内，一般要求在 15min 以内。

6.2.2　Ceph 心跳检测

心跳检测是用于节点间检测对方是否发生故障的，以便及时发现故障节点，进入相应的故障处理流程。我们需要在故障检测时间和心跳报文带来的负载之间做权衡。心跳频率太高，则过多的心跳报文会影响系统性能；心跳频率过低，则会延长发现故障节点的时间，从而影响系统的可用性。

OSD 节点会监听 public、cluster、front 和 back 4 个端口。

◆ public 端口：监听来自 Monitor 和 Client 的连接。

◆ cluster 端口：监听来自 OSD Peer 的连接。

◆ front 端口：供客户端连接集群使用的网卡（业务网），可临时给集群内部之间提供心跳。

◆ back 端口：供客集群内部使用的网卡（存储网），用于集群内部之间进行心跳检测。

1. OSD 之间的相互心跳检测

OSD 中有一个 heartbeat_thread 线程，这个线程的作用就是不断发送 ping 请求（心跳）给其他节点上的 OSD 服务。在 Ceph 中，OSD 的地位都是对等的，每一个 OSD 在向其他 OSD 发送 ping 消息的同时，也会收到其他 OSD 发来的 ping 消息，OSD 收到 ping 消息后会发送一个回复消息（reply message）。通常，同一个 PG 内的 OSD 之间会互相检测心跳，它们互相发送 ping/pong 信息。

在部署 Ceph 存储系统的时候，通常会使用两张网卡 front 和 back，将流量分开。所以 OSD 使用两对 messenger 来分别发送和监听 front 与 back 的 ping 心跳。相关参数如下。

osd_heartbeat_interval（默认为 6s）：向伙伴 OSD 发送 ping 信息的时间间隔，实际会在配置数值基础上再加一个随机时间来避免峰值。

osd_heartbeat_grace（默认为 20s）：多久没有收到回复可以认为对方已经 down，并将对方加入 failure_queue，等待后续上报。

2. Ceph OSD 与 Mon 心跳检测

OSD 与 Mon 之间也有消息传递的需求，如当 OSD 有事件发生（故障、PG 变更、failure_queue 中有其他失效 OSD 信息等）时，OSD 会主动上报给 Mon 信息；Mon 也会主动收入来自 OSD 的信息（如同 PG 内伙伴 OSD 的失效信息）。

（1）OSD 周期性地上报给 Monitor

OSD 会检查自身 failure_queue 中的伙伴 OSD 失败信息，当 failure_queue 非空时，OSD 会向 Monitor 发送失效报告，并将失败信息加入 failure_pending 队列，然后将其从 failure_queue 中移除。

当 OSD 收到来自 failure_queue 或者 failure_pending 中的 OSD 的心跳时，会将其从两个队列中移除，并告知 Monitor 取消之前的失效报告。

当发生与 Monitor 网络重连时，OSD 会将 failure_pending 中的错误报告加回 failure_queue 中，并再次发送给 Monitor。相关参数如下。

osd_mon_report_interval_max（默认为 600s）：OSD 最久多长时间向 Monitor 汇报一次。

osd_mon_report_interval_min（默认为 5s）：OSD 向 Monitor 汇报的最小时间间隔。

（2）Monitor 统计下线 OSD

Monitor 也会收集来自 OSD 的伙伴失效报告，当错误报告指向的 OSD 失效超过一定阈值，且有足够多的 OSD 报告其失效时，Monitor 会将该 OSD 做下线处理（标记 OSD 状态为 down）。相关参数如下。

mon_osd_report_timeout（默认为 900s）：多久没有收到 OSD 的汇报，Monitor 会将其标记为 down。

mon_osd_reporter_subtree_level（默认为 "host"）：在哪一个级别上统计错误报告数，默认为 host，即计数来自不同主机的 OSD 报告。

mon_osd_min_down_reporters（默认为 2）：Monitor 服务最少需要多少个来自不同的 mon_osd_reporter_subtree_level 的 OSD 的错误报告，才能裁定某 OSD 状态为 down。

mon_osd_adjust_heartbeat_grace（默认为 true）：在计算确认 OSD 失效的时间阈值时，是否要考虑该 OSD 历史上的延迟，因此失效的时间阈值通常会大于 osd_heartbeat_grace 指定的值。

3. Ceph 心跳检测总结

Ceph 存储系统通过伙伴 OSD 主动向 Monitor 汇报失效 OSD 服务信息，以及 Monitor

统计来自 OSD 的心跳两种方式来综合判定 OSD 服务的失效状态。

由上述分析可知，伙伴 OSD 可以在秒级发现节点失效并汇报给 Monitor 服务，并在几分钟内由 Monitor 服务将失效 OSD 下线，一定程度上保障了存储集群及时的故障隔离、自我修复及自愈。同时，Monitor 收到 OSD 对其伙伴 OSD 的失效汇报后，也并没有立即将目标 OSD 下线，而是周期性地等待几个条件：①目标 OSD 的失效时间大于通过固定量 osd_heartbeat_grace 和历史网络条件动态确定的阈值；②来自不同主机的汇报达到 mon_osd_min_down_reporters；③满足前两个条件前失效汇报没有被源 OSD 取消。这些机制也在一定程度上提升了存储集群对网络抖动的容忍度。

由于有伙伴 OSD 汇报机制，Monitor 与 OSD 之间的心跳统计更像是一种保险措施，因此 OSD 向 Monitor 发送心跳的间隔可以长达 600s，Monitor 的检测阈值也可以长达 900s。Ceph 实际上是将故障检测过程中中心节点的压力分散到所有的 OSD 上，以此提高中心节点 Monitor 的可靠性。同时，作为中心节点的 Monitor 并没有在更新 OSDMap 后尝试广播通知所有的 OSD 和 Client，而是惰性地等待 OSD 和 Client 来获取，以此来减少 Monitor 压力并简化交互逻辑，进而提高整个集群的可扩展性。

6.2.3 管理系统时间同步逻辑

Ceph 通过心跳机制来检测节点间的连通性，因此，当出现集群中各节点时间不一致的情况时，就会影响 OSD 与 Mon 之间的通信，从而导致集群出现故障。所以保持各节点时间一致是保证集群稳定运行的必不可少的一环。

目前主要时间同步的方式有两种：一种是通过 Chrony 服务实现时间同步，另一种是通过 ntpd+ntpdate 机制实现时间同步。因 ntpdate 同步时间的过程会造成时间的跳变，对一些依赖时间连续性的程序和服务会造成影响，而 Chrony 服务时间同步过程比较平滑，可以在修正时间的过程中同时修复 CPU tick，并且 Chrony 已经内置到 RHEL7 操作系统版本中，所以选用 Chrony 方式来实现时间同步是更适合分布式存储系统管理的方案。

1. Chrony 介绍

Chrony 是 NTP(Network Time Protocol，网络时间协议)的通用实现，与 NTPD 不同，它可以更快且更准确地同步系统时钟，最大程度地减少时间和频率误差。

Chrony 包括以下两个核心组件。

（1）Chronyd

Chronyd 是一个后台运行的守护进程，用于调整内核中运行的系统时钟与 NTP 服务器同步，它确定服务器增减时间的比率，并可对此进行调整补偿。

（2）Chronyc

Chronyc 是客户端进程，它提供用户界面，用于监控性能并进行多样化的配置。它可以在 Chronyd 实际控制的服务器上工作，也可以在一台不同的远程服务器上工作。

2. Chrony 配置

Chrony 的配置文件在 /etc/chrony.conf 中，一些常用的配置如下。

```
# 记录系统时钟获得丢失时间的速率至 drift 文件中
# driftfile /var/lib/chrony/drift
# 步进方式同步时间
# makestep <offset> <count>
# 启用 RTC 内核同步
# rtcsync
# 开启 NTP 服务端功能，后面可加指定的网段进行限制
# allow
# 本地模式，当外部时钟源不可用时生效
# local stratum 10
# 外部时钟源，<hostname> 外部时钟源的 IP 或域名，option 选项可配置时间同步的频率，一般使用
iburst、minpoll、maxpoll
# server <hostname> [option]
# 日志目录，指定存放日志文件的目录
# logdir /var/log/chrony
# 日志信息配置，指定需要记录哪些信息到日志
# log measurements statistics tracking
```

makestep 参数以步进的方式进行时间同步。如果在同步时间时，检测到当前时间与服务器时间偏移量大于 <offset> 秒，会直接将本地时间步进与服务器时间一致。<count> 选项是从 chronyd 服务启动后，时间偏移量大于 <offset> 时，进行步进修正的最大次数。如果步进修正次数大于 <count>，后续时间偏移量在大于 <offset> 时不会进行步进修正。

makestep 会引起时间发生跳变，相当于 ntpdate <ntp_server> 命令，可能会影响某些程序的运行。server <ntp_server> 后面的参数是用来设置与服务端同步的时间间隔，如果不加任务参数，每次同步时间为 60 ~ 1024s，加 iburst 参数只会加快初始的 4

次同步时间（2s），后续与没加参数一样，这样可能会因同步时间长，使得时间不一致。一般在内网的集群中，网络性能很高，使用平滑同步的方式，并将 server 后面配置的轮询参数设置为 minpoll 0 maxpoll 0 xleave，以增加轮询时间间隔，增加同步频率，减小误差。

3. 管理系统时间同步配置

在 Ceph 存储集群中，为保持与各节点时间一致，可将主节点（monitor leader）设置成 NTP 时钟源，其他节点作为客户端同步主节点的时间。

◆ 主节点 Chrony 配置

```
driftfile /var/lib/chrony/drift
rtcsync
allow
local stratum 10
logdir /var/log/chrony
log measurements statistics tracking
# 如果需要可以增加外部时钟源，作为主节点的同步源
# server <external-ntp> minpoll 0 maxpoll 0 xleave
```

◆ 非主节点配置

```
driftfile /var/lib/chrony/drift
rtcsync
local stratum 10
logdir /var/log/chrony
log measurements statistics tracking
server <leader-ip> minpoll 0 maxpoll 0 xleave
```

最后，在配置完成后，需要重启 Chronyd 服务，使用 "systemctl restart chronyd" 命令。配置文件中不能使用 makestep，前面提到因为 makestep 是步进同步，会导致时间跳变，需要直接同步时间时可以使用 "chronyc makestep 1 1" 命令进行步进同步。而且，当主节点中配置了外部时钟源时，虽然非主节点配置的是向主节点进行时钟同步，但并不是直接向非主节点同步主节点当前的时间，而是主节点的当前时间加上主节点与其外部时钟源的时间偏移量之和，可以使用 "chronyc tracking" 命令查看，输出中的 system time 的值就是时钟偏移量。

6.3 大规模应用场景参数配置问题

6.3.1 PG 分裂问题

1. PG 分裂的概念

PG 作为 Ceph 数据流过程的中间层，它的数目 pg_num 和另一个值 pgp_num 直接影响集群的数据分布情况。pgp_num 决定了多少 PG 会拿来存放数据，也就是说，并不是所有创建出来的 PG 都会存放数据。理论上说，它们的值越大，数据分布越均匀，但也意味着消耗更多的资源（比如内存），所以生产环境中，它们的值不是随意设置的，Ceph 社区建议按照公式：pg_num = (osd_num × 100) / pool_size，设置该值的大小。

按照 Ceph 社区的解释，PG 是策略组，处理数据的分布；PGP 则是以规划策略组为目的的策略组，即 PGP 负责处理 PG 的分布。

Ceph 中计算对象要放置到某个 PG 上是通过 Hash 计算进行的，每个对象在集群中都有唯一的 id，设为 OID，则它属于的 PG 为：pgid = hash(OID) = OID mod pg_num。

当集群规模扩大，即新增 OSD 节点时，需要让新增的节点充分参与进来，分担相应的工作，此时需要将集群中的部分数据迁移至新增的设备并完成数据的重新平衡。Ceph 中 PG 的数目在创建存储池的时候指定，之后并不会随着集群规模的增加而自动增加。当新增设备时，为了让新加入集群的设备更好地参与工作分担，最好手动设置，调大集群中存储池的 PG 数目，当 PG 的数目增加时，PG 会更加均匀地分布在所有的 OSD 上。

当 pg_num 增加时，当前对象的 pgid 等于 OID mod pg_num，可能会由于 pg_num 的增加而发生变化，因此会有部分对象从老的 PG 迁移到新的 PG 的现象，此现象称为 PG 分裂。

Ceph 社区的邮件中有这样的说法：当某个 Pool 的 pg_num 值增加时，这个 Pool 中的 PG 会发生分裂，但是分裂后的 PG 仍在原来的 OSD 上，此时 Ceph 不会启动 rebalance 操作；当同一个 Pool 的 pgp_num 增加时，PG 开始从当前的 OSD 向其他的 OSD 上迁移，此时集群开始进行 rebalance。从 N 版开始，ceph 支持根据 pg_num 自动调整 pgp_num 的值，即手动调整某个 pool 的 pg_num 后，系统会自动根据当前 pool 的数据量一步步地调整 pgp_num 的值直至为 pg_num。

简要来说，调整 PG 的数目会触发相关 PG 的分裂操作（但不会发生数据迁移，因为分裂后的 PG 会映射到其父 PG 对应的 OSD 集合），但调整 pgp_num 则会直接导致集群内发生数据迁移。

2. PG 分裂的过程

当发现集群容量使用率达到一定规模时，为满足业务数据增长的需求，通常需要对集群进行扩容。为了充分发挥 Ceph 集群性能与集群规模呈线性关系这一优势，前面介绍过，当集群规模扩大后，需要让新增的节点充分参与进来，分担相应的工作，此时需要将集群中的部分数据迁移至新增的设备并完成数据的重新平衡。PG 分裂的过程具体如下。

（1）Monitor 检测到 Pool 中的 PG 数目发生修改，发起并完成信息同步，随后将包含了变更信息的 OSDMap 推送至相关的 OSD。

（2）OSD 接收到新 OSDMap，与原 OSDMap 进行对比，判断对应的 PG 是否需要进行分裂。如果新旧 OSDMap 中某个 Pool 的 PG 数目发生了变化，则需要执行 PG 分裂。

（3）通常 PG 的数目设置为 2 的整数次幂的大小，且 PGP 的数目与 PG 的调整同步，因此，PG 分裂通常伴随着数据的迁移。

3. PG 分裂在实际中的应用

当集群扩容，即 OSD 个数增加时，为了让新增的设备充分发挥作用、承担工作，需要调整集群中 Pool 的 PG 数目。通常根据扩容后集群的规模计算新的 pg_num 的大小，按照公式 pg_num = (osd_num × 100) / pool_size，该值向上取整到 2 的整数次幂大小。

可通过如下命令重新设置 pg_num 和 pgp_num 的大小。

```
# ceph osd pool set pool_name pg_num 128/256/512/1024/2048/4096
# ceph osd pool set pool_name pgp_num 128/256/512/1024/2048/4096
```

其中，pgp_num 值的大小根据实际环境情况设定为：8、16、64、128、256、512 等。同步调整集群中所有 Pool 的 pg_num 和 pgp_num 大小，可使负载更加均衡。

对于 pg_num 与 pgp_num 两个参数的调整，一次调整到最终值，还是分多次以"小步快跑"的方式进行，我们做了一个小的测试，采用 vstart 环境模拟 5 个节点，30 个 osd，调整 osd 使其分布在 5 个节点上，创建存储池，设置副本数为 3，往其中写入 13.2 万个对象。当 PG 数量从 128 调整到 1 280 时，相关迁移的 PG 数量、对象数量情况如表 6-4 所示。

表 6-4 存储池 PG 调整及数据迁移情况

调整 PG（多次调整）	迁移 PG 数	迁移对象数
128->256	32	8790
256->512	51	16775
512->768	70	18286
768->1024	67	17021
1024->1280	62	16118
总和	282	76990
128->1280	228	115361

由上述数据可以简略分析，分多次调整策略之下，PG 迁移量比一次性调整多了 54 个（占比约 19），对象的迁移量多了 7665 个（占比约 10%），即 PG 迁移量和数据迁移量分别多移动了 19% 和 10%。此处是一次小规模的测试，若要得到稳定的结果则需要多次测试和分析。

通过一次小的测试，从整体上来看，两种策略下，多次调整策略会分别增加 19% 的 PG 迁移量和增加 15% 的数据迁移量；但在大规模应用中，分多次调整的时候，可以灵活安排集群变更时间，且每次数据迁移量较小，对业务影响时间相对可控。

6.3.2 对象存储元数据集群 shard 分片问题

1. Ceph Bucket Shard 分片机制

Ceph RGW 为每个存储桶维护一个索引（bucket index），用于保存桶中所有对象的元数据，但在 Hammer 版本之前，单个存储桶中的全部索引默认存储在一个 RADOS 对象中。随着单个存储桶内对象数量增加，RADOS 对象的体积也在相应增长，当索引对象变得很大时（写入数百万对象），会产生可靠性和性能问题，因而一个存储桶中能够存储的对象数目十分有限。因为大索引对象会导致可靠性下降，当索引对象过大时，读取对象会花费很长时间，导致 OSD 可能出现超时；另外，大索引对象可能会产生性能问题，在写入和修改对象时会对 RADOS 对象添加额外的操作。

为了解决存储桶索引对象过大带来的问题，在 Hammer 版本中，Ceph 引入了存储桶索引分片功能。分片是将数据分散到多个位置以增加并行度来分配负载的过程，即将存储区索引分为多个部分，每个存储桶索引可以使用多个 RADOS 对象来保存，每个 RADOS 对象称为一个 shard 分片。Index shard 分片功能的引入，极大地扩展了存储桶索引元数据条目的上限值，并可有效提升存储系统的性能和可靠性。但是基于 shard 分片的存储桶一旦创建就无法更改，仍在使用上存在一些限制。

索引分片 RADOS 对象的部分属性（OMAP keys）在 OSD 中以单机数据库形式进行保存，Jewel 版本之前，通常使用 Leveldb 方案。在 Jewel 版本中，Ceph 引入了 Rocksdb 替代 Leveldb。Rocksdb 源自于 Leveldb，Facebook 在 Leveldb 的基础上做了很多改进，然后开源并重新命名为 Rocksdb，二者都是基于 LSM-Tree 思想所设计的。其理论基础是传统磁盘顺序读写速度比随机读写要快得多，因而可以通过将随机读写转换成顺序读写来提高系统的读写性能。同时 Rocksdb 还支持多线程并发 Compact 功能，相较于 Leveldb 的单线程执行模式有很大的性能提升。这也对 bucket index 元数据的读写性能提升带来了较大的帮助。

在 Kraken 版本中，Ceph 新引入了重新分片（Bucket Resharding）的功能，允许用户修改存储桶的 bucket shard index 数量，具有一定的灵活性，但是执行 reshard 的过程会比较耗时，同时也会对业务造成较大的性能波动。该功能也被移植到了 Jewel 版本和 Hammer 版本中。

Luminous 版本中引入了动态分片（Dynamic Bucket Resharding）功能，对应控制参数为布尔类型 rgw_dynamic_resharding，源代码中默认开启该功能。其能够自动基于单桶对象数量实现 index 自动重新分片过程。Ceph 社区目前认为该功能较为完善，可以应用于生产环境。但在实际测试应用过程中，执行 dynamic bucket resharding 时仍然会出现 reshard 时间过长，导致集群写降级甚至出现写 I/O 阻塞的情况。因而在生产环境中，目前还是建议关闭动态分片功能。

Ceph 中与 bucket shard 相关的功能以及操作主要有如下几类。

（1）list objects 操作

又可细分为 ordered list 以及 unordered list。

1）order list，shard 数量多的情况下影响较大，涉及的功能为：

◆ 标准 S3，swift list 操作；

◆ radosgw bucket check 操作，用于清理残留的 index；

◆ radosgw bucket list 操作，用于 list bucket 中的对象；

◆ radosgw orphan search 操作，用于寻找孤儿数据；

◆ 标准 S3 List bucket multipart 操作，获取 bucket 中所有未完成的分块上传任务；

◆ Swift 接口中的 Get large Obj。

2）unordered list，涉及的功能为：

◆ radosgw bucket list 操作，指定为 unordered 模式；

◆ S3 list，指定为 unordered 模式；

◆ delete bucket 以及 radosgw-admin 的删除 bucket 操作；

◆ LC 处理。

（2）涉及 bucket stats 相关的操作

包括 bucket stats、user stats、get usage 等。

（3）多数据中心数据同步

（4）创建 / 删除 bucket 相关的操作

create/delete bucket，主要是创建、清理 bucket shard。

2. 大规模场景下索引分片问题

虽然 bucket 中存储的大量数据可以通过分片的方式解决，但是每个存储区索引的分片是有上限的，在大规模应用场景中，如果超过此阈值，则系统可能会遇到以下的问题。

（1）桶索引对象数上限引发性能下降

每个存储桶索引分片最多容纳 102400 个对象，当数量级远远大于这个数的时候，性能就会剧烈下降。通过查看 bucket 的状态，会发现 bucket 已经 "over 100%"。

```
# radosgw-admin bucket limit check
    {
        "bucket": "ceph_bucket",
        "tenant": "",
        "num_objects": 19284201,
        "num_shards": 1,
        "objects_per_shard": 19284201,
        "fill_status": "OVER 100.000000%"
    }
```

（2）自动分片影响到 bucket 的可用性

从 Luminous 版本开始，官方提供一个参数，默认在单个 bucket 数量 "over 100%" 的时候自动对索引对象进行分片。

```
# 自动索引分片
rgw_dynamic_resharding = true
```

但是这个参数有个致命缺陷，由于元数据对象在重新分散索引时为了保证数据一致性，会暂停 bucket 读写功能，并且在存储大量数据时要消耗更多时间。

```
0 block_while_resharding ERROR: bucket is still resharding, please retry
0 NOTICE: resharding operation on bucket index detected, blocking
```

图 6-9 所示是开启 bucket index reshard 功能后，对对象存储写请求的性能影响测试。

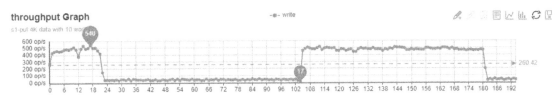

图 6-9　动态 reshard 功能对集群的影响

集群开启动态 reshard 功能，默认分片大小为 1。从图 6-9 中可以看到，在时间轴 21 左右，集群 I/O 出现断崖式下滑，在 180 时再次断崖式下滑。通过与 RGW 日志进行比较，该时间点即为触发 bucket reshard 的时间点，足以验证 bucket index reshard 对业务的影响。

（3）分片数量上限阈值

当前 Ceph 支持的存储索引分片的数量上限值为 65521。但是在设置了该值后，如果不对 RGW 实例中的 rgw_enable_quota_threads 及 rgw_bucket_quota_ttl 参数进行优化配置，当 TTL 过期后，也会对 default.rgw.buckets.index 造成巨大的性能抖动。图 6-10、图 6-11 所示是不对参数进行任何优化配置时，default.rgw.buckets.index 存储池的响应时延、IOPS 以及吞吐带宽情况。期间可以观察到，TTL 过期后，所有 RGW 实例接收到请求后会同时访问 default.rgw.buckets.index 获取 quota 信息，从而引起存储池性能骤降。

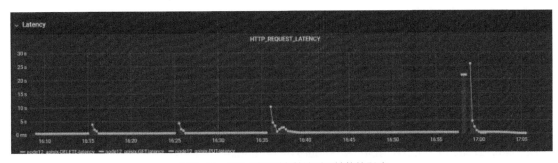

图 6-10　TTL 过期对存储池时延性能的影响

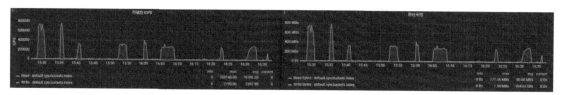

图 6-11　TTL 过期对存储池 IOPS、带宽性能的影响

3. 索引分片问题规避方式

（1）配置参数

bucket shard 相关的配置参数见表 6-5，可以通过调节参数，合理设置分片数量，从而达到最优性能。

表 6-5　bucket shard 配置参数

配置项	说明
rgw_dynamic_resharding	是否开启自动分片，默认开启
rgw_reshard_num_logs	分片并发数，默认为 16
rgw_bucket_index_max_aio	一次下发的 OP 数
rgw_reshard_thread_interval	执行 reshard 间隔，默认为 10min
rgw_max_objs_per_shard	每个 bucket 的索引的最大对象数，默认为 10 万
rgw_override_bucket_index_max_shards	桶索引对象的分片数量，若小于 1，则以 zone 配置项 bucket_index_max_shards 为准

（2）配置命令

建议关闭自动重分片功能，使用下面的 radosgw-admin 命令配置来查看和手动控制重分片任务。

```
# 为桶新增一个重分片任务
# radosgw-admin reshard add --bucket=<bucket_name> --num-shards=<new_num_of_shards>}
# 查看桶分片任务列表
# radosgw-admin reshard list
# 手动执行重分片任务
# radosgw-admin reshard process
# 取消桶重分片任务
# radosgw-admin reshard cancel --bucket=<bucket_name>
# 查看桶的分片状态
# radosgw-admin reshard status --bucket =<bucket_name>
```

（3）配置建议

建议关闭自动管理 RGW 存储桶索引对象的 reshard 功能。

根据业务使用场景，合理预估出单个 bucket 需要存放的对象数量。按照每个 shard 承载 10 万对象数据的上限，控制好单个 bucket index shard 的平均体量。这样配置的好处是，后期不需要再进行重新分片，避免了重新分片过程带来的性能波动，甚至引发的 I/O 阻塞。

合理设置 bucket 的 shard 分片数量，分片的数量不一定是越多越好，也需要结合业务提前进行规划。分片过多会导致某些操作（如列表存储桶）消耗大量底层存储 I/O，从而导致某些请求花费太长时间。

不建议把 rgw_override_bucket_index_max_shards 参数设置得太大（例如 1000），因为这会增加罗列桶对象列表时的成本。应该在客户端或全局部分中设置此变量，以便将其自动应用于 radosgw-admin 命令。只对集群中少量的 RGW 实例开启 quota_threads，以降低 RGW 缓存过期时 RGW 实例并发访问 default.rgw.buckets.index 存储池时引起的性能抖动。未配置下述参数的 RGW 则依靠 RGW 缓存，一致性会得到保证。

```
rgw_enable_quota_threads = True
rgw_user_quota_sync_idle_users = True
rgw_user_quota_bucket_sync_interval = 3600
```

图 6-12 所示是只针对两个 RGW 实例配置上述参数时，default.rgw.buckets.index 存储池所监控到的业务请求时延响应图，相较于所有 RGW 实例全部开启 quota_threads 时，性能整体趋于平稳，未有明显波动。

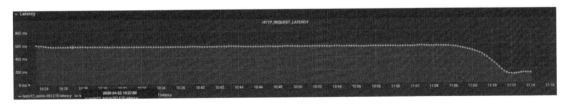

图 6-12　RGW 不同参数配置时延效果对比

6.3.3　BlueStore rocksdb slow disk space 问题

在老版本的 Ceph 中，默认使用的单机存储引擎是 FileStore，但是 FileStore 会带来写放大的问题，同时，它需要经过操作系统的通用文件系统层次（如 EXT4 或者 XFS）来管理数据，因此整体性能不佳。BlueStore 单机存储引擎最大的特点就是能够建立在裸盘之上，并且能够对一些新型的存储设备进行优化。

也就是说，BlueStore 的主要目的是对单机存储引擎性能进行优化，以提升 Ceph 集群整体的性能，那么 BlueStore 对 Ceph 集群到底有多大的性能提升呢？我们看看官方给出的性能测试数据。图 6-13、图 6-14 分别展示了三副本和纠删码情况下的性能测试对比数据，从测试结果可以看出，大多数场景下，BlueStore 可以带来将近 1 倍的性能提升。

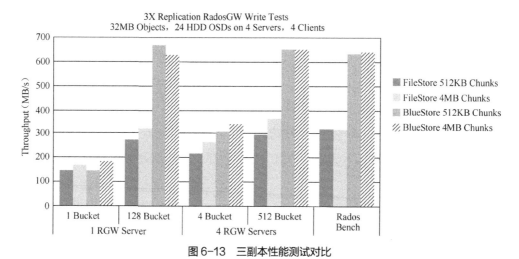

图 6-13 三副本性能测试对比

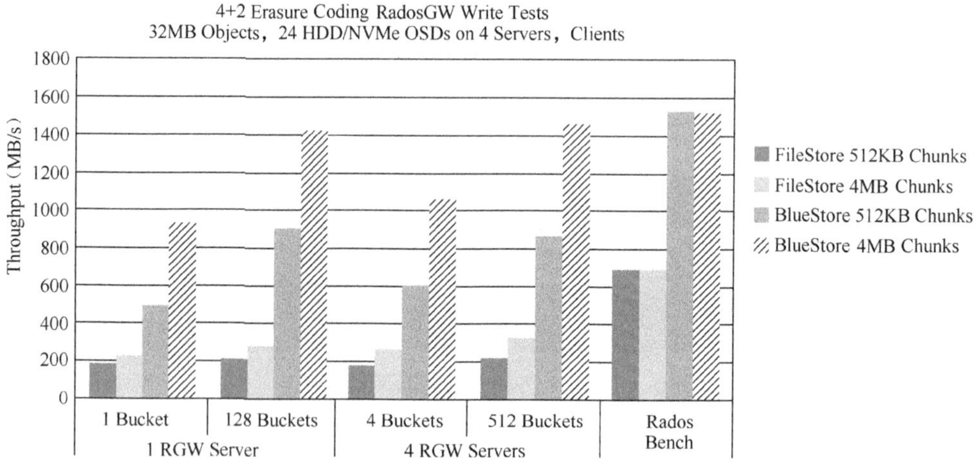

图 6-14 纠删码性能测试对比

BlueStore 最大的特点是 OSD 可以直接管理裸磁盘设备，并且将对象数据存储在该设备当中。对象有很多 Key-Value 属性信息，这些信息之前都是存储在文件的扩展属性或者

Leveldb 当中的。而在 BlueStore 中，这些信息存储在 Rocksdb 当中。Rocksdb 本身是需要运行在文件系统之上的，因此为了使用 Rocksdb 存储这些元数据，需要开发一个简单的文件系统（BlueFS）。

BlueFS 是一个简单的用户态日志型文件系统，其完整地实现了 Rocksdb::Env 所定义的全部 API。这些 API 主要应用于固化 Rocksdb 运行过程中产生的 .sst（对应 SSTable）和 .log（对应 WAL）文件。由于 WAL 对 Rocksdb 的性能影响最为关键，所以 BlueFS 在设计上支持将 .sst 和 .log 文件分开存储，以方便将 .log 文件单独保存在速度更快的固态存储介质上（如 NVMe SSD 或者 NVRAM）。

由此，在引入 BlueFS 后，BlueStore 将所有存储空间从逻辑上划分为 3 个层次。

◆ 慢速（Slow）空间

这类空间主要用于存储对象数据，可由普通大容量的机械硬盘提供，由 BlueStore 进行管理。

◆ 高速（DB）空间

这类空间主要用于存储 BlueStore 内部产生的元数据（例如 onode），可由普通 SSD 提供，容量需求比 Slow 空间要小。由于 BlueStore 的元数据都交由 Rocksdb 管理，而 Rocksdb 最终通过 BlueFS 保存数据，所以这类空间由 BlueFS 直接管理。

◆ 超高速（WAL）空间

这类空间主要用于存储 Rocksdb 内部产生的 .log 文件，可由 NVMe SSD 或 NVRAM 等时延较低的设备充当，其容量需求和 DB 空间相当。同时，超高速空间也是由 BlueFS 直接管理。

需要注意的是，上述的高速、超高速空间的需求不是不变的，其大小与慢速空间的使用情况息息相关。如果上述两类空间规划得比较保守，BlueFS 也允许使用慢速空间进行数据转存。因此在设计上，BlueStore 将自身管理的部分慢速空间和 BlueFS 共享，并在运行过程中实时监测和动态调整，其具体策略为：BlueStore 通过自身周期性被唤醒的同步线程实时查询 BlueFS 的可用空间，如果 BlueFS 的可用空间在整个 BlueStore 可用空间中的占比过小，则新分配一定的空间至 BlueFS（如果 BlueFS 所有空间绝对数量不足设定的最小值，则一次性将其管理空间总量追加至最小值）；反之如果 BlueFS 的可用空间在整个 BlueStore 可用空间占比过大，则需要从 BlueFS 中收回部分空间。

综上，如果 3 类空间分别使用不同的管理设备，那么 BlueFS 中的可用空间一共有 3 种。对于 .log 文件以及自身产生的日志（BlueFS 本身也是一种日志型本地文件系统），BlueFS

总是优先选择使用 WAL 类型的设备空间；如果 WAL 空间不存在或者空间不足，则选择 DB 类型的设备空间；如果 DB 空间不存在或者空间不足，则选择 Slow 类型的设备空间。对于 .sst 文件优先使用 DB 类型的设备空间，如果 DB 空间不存在或者空间不足，则选择 Slow 类型的设备空间。

Slow 类型的设备空间是由 BlueStore 直接管理的，所以与 BlueFS 共享的这部分空间也由 BlueStore 直接管理。BlueStore 会将所有已经分配给 BlueFS 的空间单独写入一个名为 bluefs_extenes 的集合，并从自身的 Allocator 中扣除。每次更新 blue_extents 之后，BlueStore 都会将其作为元数据存盘。这样后续 BlueFS 上电时，通过 BlueStore 传递预先从数据库加载的 bluefs_extents，即可由自身正确初始化这部分共享空间所对应的 Allocator。

至于 DB 和 WAL 设备，由于单独由 BlueFS 管理且对 BlueStore 不可见，所以在上电时由 BlueFS 自身负责初始化。这意味着通常情况下，BlueFS 在上电时会初始化 3 个 Allocator 实例，分别用于管理这 3 种类型的可用空间。

在实际使用中，通常配置基于 BlueStore 存储引擎的 OSD，按照 block(100)：db(1)：wal(1) 的大小比例要求来划分逻辑区的大小。按照上述比例配置出的 OSD 性能经过实验验证是较好的，也是行业内推荐的比例。

附录　技术术语表

英文全称	英文缩略语	中文说明
Ceph File System	CephFS	基于 Ceph 实现的文件系统
Common Internet File System	CIFS	通用网络文件系统
Container Storage Interface	CSI	容器服务存储接口
Controlled Replication Under Scalable Hashing	CRUSH	基于可扩展哈希算法的可控复制
Copy on Write	COW	写时复制
Data Technology	DT	数据技术
Direct-Attached Storage	DAS	直连存储
Fibre Channel	FC	光纤通道
File Transfer Protocol	FTP	文件传输协议
Garbage Collection	GC	垃圾回收
Hadoop Distribution File System	HDFS	Hadoop 分布式文件系统
HyperText Transfer Protocol	HTTP	超文本传输协议
Information Technology	IT	信息技术
Infrastructure as a Service	IaaS	基础设施服务
Just a Bunch Of Disks	JBOD	磁盘簇
Linux Virtual Server	LVS	Linux 虚拟服务器
Logical Unit Number	LUN	逻辑单元号
Long Term Stable	LTS	长期稳定版本
Manager Daemon	MGR	管理守护进程
MetaData Server	MDS	元数据服务
Multi-Factor Authentication	MFA	多重要素认证
Network Attached Storage	NAS	网络附属存储
Network File System	NFS	网络文件系统
Network Time Protocol	NTP	网络时间协议
Non-Uniform Memory Access	NUMA	非统一内存访问
Non-Volatile Memory	NVM	非易失性存储器
Object Storage Device	OSD	对象存储设备
Offloaded Data Transfer	ODX	卸载式数据传输

续表

英文全称	英文缩略语	中文说明
Placement Group	PG	归置组
Portable Operating System Interface of UNIX	POSIX	可移植操作系统接口
Quality of Service	QoS	服务质量
RADOS Block Device	RBD	块存储服务
RADOS Gateway	RGW	对象存储网关
Redirect on Write	ROW	写时重定向
Reliable Autonomic Distributed Object Store	RADOS	可靠、自主的分布式对象存储
Self-Monitoring Analysis and Reporting Technology	S.M.A.R.T.	自我监测、分析及报告技术
Single Point of Failure	SPOF	单点故障
Small Computer System Interface	SCSI	小型计算机系统接口
Software Defined Storage	SDS	软件定义存储
Storage Area Network	SAN	存储区域网络
Storage Performance Development Kit	SPDK	存储性能开发组件
Symmetric Multi-Processing	SMP	对称多处理技术
The vStorage API for Array Integration	VAAI	阵列集成存储 API
Total Cost of Ownership	TCO	总体拥有成本
Translation Lookaside Buffer	TLB	转换查找缓冲区